教育部 财政部职业院校教师素质提高计划职教师资培养资源开发项目

普通高等教育能源动力类系列教材

工业及商用制冷空调与热泵技术应用

主编　袁　培

参编　聂雪丽　牛　聪

机械工业出版社

本书是一本实用性很强的专业技术教材，内容新颖，理论知识与综合实训项目相结合，贴近岗位实际。本书以工业及商用制冷空调与热泵为主，重点讲述了制冷空调及热泵机组的类型、结构、性能、应用、运行管理和维护保养，包括单元式空调机组、冷水机组、热泵机组、多联机及中央空调系统。

本书为能源与动力工程专业职教师资本科培养教材，可作为高等院校能源与动力工程专业教材，也适用于从事制冷空调与热泵的设计、制造、运行管理及安装调试的工程技术人员阅读与参考。

图书在版编目（CIP）数据

工业及商用制冷空调与热泵技术应用/袁培主编. —北京：机械工业出版社，2021.10

教育部财政部职业院校教师素质提高计划职教师资培养资源开发项目 普通高等教育能源动力类系列教材

ISBN 978-7-111-69437-3

Ⅰ.①工… Ⅱ.①袁… Ⅲ.①制冷装置-空气调节器-高等职业教育-教材②热泵-高等职业教育-教材 Ⅳ.①TB657.2②TH3

中国版本图书馆CIP数据核字（2021）第214189号

机械工业出版社（北京市百万庄大街22号 邮政编码100037）
策划编辑：蔡开颖 责任编辑：蔡开颖 段晓雅 安桂芳
责任校对：李 杉 封面设计：张 静
责任印制：郜 敏
北京盛通商印快线网络科技有限公司印刷
2021年12月第1版第1次印刷
184mm×260mm · 7.5印张 · 184千字
标准书号：ISBN 978-7-111-69437-3
定价：39.00元

电话服务
客服电话：010-88361066
010-88379833
010-68326294

网络服务
机 工 官 网：www.cmpbook.com
机 工 官 博：weibo.com/cmp1952
金 书 网：www.golden-book.com
机工教育服务网：www.cmpedu.com

封底无防伪标均为盗版

出 版 说 明

《国家中长期教育改革和发展规划纲要（2010—2020年）》颁布实施以来，我国职业教育进入加快构建现代职业教育体系、全面提高技能型人才培养质量的新阶段。加快发展现代职业教育，实现职业教育改革发展新跨越，对职业学校“双师型”教师队伍建设提出了更高的要求。为此，教育部明确提出，要以推动教师专业化为引领，以加强“双师型”教师队伍建设为重点，以创新制度和机制为动力，以完善培养培训体系为保障，以实施素质提高计划为抓手，统筹规划，突出重点，改革创新，狠抓落实，切实提升职业院校教师队伍整体素质和建设水平，加快建成一支师德高尚、素质优良、技艺精湛、结构合理、专兼结合的高素质专业化的“双师型”教师队伍，为建设具有中国特色、世界水平的现代职业教育体系提供强有力的师资保障。

目前，我国共有60余所高校正在开展职教师资培养，但由于教师培养标准的缺失和培养课程资源的匮乏，制约了“双师型”教师培养质量的提高。为完善教师培养标准和课程体系，教育部、财政部在“职业院校教师素质提高计划”框架内专门设置了职教师资培养资源开发项目，中央财政划拨1.5亿元，系统开发用于本科专业职教师资培养标准、培养方案、核心课程和特色教材等系列资源。其中，包括88个专业项目、12个资格考试制度开发等公共项目。该项目由42家开设职业技术师范专业的高等学校牵头，组织近千家科研院所、职业学校、行业企业共同研发，一大批专家学者、优秀校长、一线教师、企业工程技术人员参与其中。

经过三年的努力，培养资源开发项目取得了丰硕成果。一是开发了中等职业学校88个专业（类）职教师资本科培养资源项目，内容包括专业教师标准、专业教师培养标准、评价方案，以及一系列专业课程大纲、主干课程教材及数字化资源；二是取得了6项公共基础研究成果，内容包括职教师资培养模式、国际职教师资培养、教育理论课程、质量保障体系、教学资源中心建设和学习平台开发等；三是完成了18个专业大类职教师资资格标准及认证考试标准开发。上述成果，共计800多本正式出版物。总体来说，培养资源开发项目实现了高效益：形成了一大批资源，填补了相关标准和资源的空白；凝聚了一支研发队伍，强化了教师培养的“校—企—校”协同；引领了一批高校的教学改革，带动了“双师型”教师的专业化培养。职教师资培养资源开发项目是支撑专业化培养的一项系统化、基础性工程，是加强职教教师培养培训一体化建设的关键环节，也是对职教师资培养培训基地教师专业化培养实践、教师教育研究能力的系统检阅。

自2013年项目立项开题以来，各项目承担单位、项目负责人及全体开发人员做了大量深入细致的工作，结合职教教师培养实践，研发出很多填补空白、体现科学性和前瞻性的成果，有力推进了“双师型”教师专门化培养向更深层次发展。同时，专家指导委员会的各位专家以及项目管理办公室的各位同志，克服了许多困难，按照两部对项目开发工作的总体要求，为实施项目管理、研发、检查等投入了大量时间和心血，也为各个项目提供了专业的咨询和指导，有力地保障了项目实施和成果质量。在此，我们一并表示衷心的感谢。

编写委员会

2016年3月

教育部高等学校中等职业学校教师培养教学指导委员会

主 任 委 员　孟庆国　天津职业技术师范大学

副主任委员　王继平　教育部职业技术教育研究中心研究所

　　　　　　郭杰忠　江西科技师范大学

委员兼秘书长　曹　晔　天津职业技术师范大学

委　　　员（按姓氏笔画排序）

刁哲军　河北师范大学

王　键　湖南省教育厅

王世斌　天津大学

王继平　同济大学

刘君义　吉林工程技术师范学院

汤生玲　河北金融学院

李栋学　广西壮族自治区教育厅

李振陆　苏州农业职业技术学院

沈　希　浙江工业大学

宋士清　河北科技师范学院

陈晓明　机械工业教育发展中心

郭　葳　天津第一商业学校

黄华圣　浙江天煌科技实业有限公司

彭德举　山东济宁市高级职业学校

项目专家指导委员会

主　任　刘来泉

副主任　王宪成　郭春鸣

成　员　（按姓氏笔画排序）

刁哲军　王乐夫　王继平　邓泽民　石伟平　卢双盈

刘正安　刘君义　米　靖　汤生玲　李仲阳　李栋学

李梦卿　吴全全　沈　希　张元利　张建荣　周泽扬

孟庆国　姜大源　夏金星　徐　朔　徐　流　郭杰忠

曹　晔　崔世钢　韩亚兰

前　言

中等职业教育是我国职业教育的重要组成部分，其根本任务是培养和造就适应生产、建设、管理、服务第一线需要的德、智、体、美全面发展的技术性应用型人才。近年来，中等职业教育发展迅猛，其宏观规模发生了历史性变化。根据《国务院关于大力推进职业教育改革与发展的决定》，职业教育应坚持以就业为导向，深化职业教育教学改革。要加强学生操作技能的训练，在动手实践中锻炼过硬的本领，是提高中职教育水平的关键。

为了全面提高职教师资的培养质量，“十二五”期间教育部、财政部在职业院校教师素质提高计划框架内专门设置了职教师资培养资源开发项目，系统开发用于职教师资本科培养专业的培养标准、培养方案、核心课程和特色教材等资源，目标是形成一批职教师资优质资源，不断提高职教师资培养质量，完善职教师资培养体系建设，更好地满足加快发展现代职业教育对高素质专业化“双师型”职业教师的需要。

本教材是教育部、财政部职业院校教师素质提高计划职教师资培养资源开发项目的能源与动力工程专业项目（VTNE018）的核心成果之一。我们以职业教育专业教学论的视角，编写了这本针对能源与动力工程专业职教师资培养的特色教材，力求遵循职教师资培养的目标和规律，将理论与实践、专业教学与教育理论知识、高等学校的培养环境与职业学校专业师资的实际需求有机地结合起来，聚焦于形成职教师资本科学生的职业综合能力。本教材是能源与动力工程职教师资本科专业培养的必修课教材，也是该专业的核心课程教材。本教材具有鲜明的职业师范教育的特色以及专业的独特性和一定的创新性，其具体特点如下：

1. 编写体例突破传统教材模式，把课程改革的理念贯穿于教材始终，在理论学习单元完成后进行综合实训项目的教学，通过教学模型的制作，实现理论与实践的统一，原理与技能的统一，力求增强教学内容的实用性和针对性，力图充分体现岗位的技能需求和满足行业人才培养需求。

2. 教材内容新颖，贴近岗位实际，围绕空调机组、热泵机组安装及维修岗位进行设计，精心设计各知识点及技能训练项目。同时关注职教师资学生的就业方向及实际岗位需求，强调职业能力和专业技能的培养。

3. 写作方法注重实务，教学做一体。本教材分为5章，内容安排上将必要的理论知识与综合实践相结合，体现系统的理论知识，快速培养学生的操作技能。

本教材由郑州轻工业大学能源与动力工程学院袁培任主编，参加本教材编写的有聂雪丽、牛聪。研究生付云飞、郝亚萍、李丹或者协助查阅资料，或者协助输入文字、插图及校对等，为编者提供了不少帮助。本教材在编写过程中，得到了职教师资培养资源开发项目专家指导委员会刘来泉研究员、姜大源研究员、吴全全研究员、张元利教授、韩亚兰教授和沈希教授等专家学者的悉心指导和帮助。陕西科技大学曹巨江教授对本教材的编写给予了大力支持。在此一并向他们表示衷心的感谢！

由于编者的知识水平和专业能力有限，本教材难免有疏漏或不当之处，恳请使用和阅读本教材的读者予以批评指正。

编　者

目　　录

第 1 章　单元式空调机组

1.1　学习目标

1.1.1　基本目标

1）熟悉单元式空调机组的分类及组成。

2）掌握单元式空调机组开停机程序和正常运行的标志。

3）掌握单元式空调机组的维护保养。

4）熟悉单元式空调机组的操作。

1.1.2　终极目标

掌握单元式空调机组的运行维护与故障处理，保证单元式空调机组正常运行。

1.2　工作任务

根据不同种类的单元式空调机组，完成机组相关设备的操作，能够排除一般的常见故障，保证机组设备正常运行。

1.3　相关知识

1.3.1　单元式空调机组简介

单元式空调机是一种小型空气调节设备，具有体积小、结构紧凑、互换性好和检修方便等特点，不需要连接冷却塔及水处理设备，适用于水源缺乏以及不便安装冷却塔的地方，因此广泛用于写字楼、计量室、医院、商场、餐厅、歌舞厅、会议室、宾馆、超市等。

单元式空调机出现很早，早期功用、品种比较单一，控制方式也比较简单，用户在购买后为适应不同的用途，经常需进行重新配置。至 20 世纪末，随着世界科技的高速发展，以及新理论、新技术、新设备、新工艺在单元式空调机领域中的应用，使单元式空调机的结构形式、控制技术等各方面发生了巨大的变化，现今的单元式空调机已是一个能满足各种不同用户要求、品种繁多的大家族。

单元式空调机按制冷量或主要应用场所，可分为家用空调机和工商用空调机两类，通常称 7kW 以下的为家用空调机、7kW 以上的为工商用空调机。家用空调顾名思义就是居民自己家中安装的空调。目前，国内家用空调市场早已成熟，其产品丰富且易于安装保养，国内相关资料也很多，本书不再赘述。

家用空调或民用空调属于舒适性空调的范畴，而工业空调属于工艺性空调范畴。与家用制冷设备相比，工商用单元式空调设备种类多，工作条件差异大，其设计是以保障工艺要求为主要目的，室内人员的舒适性是次要的，因此在生产、设计及日常使用等方面，都存在一些不同。

2010年9月26日由国家质量监督检验检疫总局和国家标准化管理委员会联合批准发布单元式空调机新版国家标准GB/T 17758—2010《单元式空气调节机》，于2011年2月1日起正式实施，代替原标准GB/T 17758—1999《单元式空气调节机》。该标准规定了单元式空气调节机的定义、形式和基本参数、技术要求、试验、检验规则、标志、包装、运输和贮存等。

在标准中，单元式空气调节机定义为一种向封闭空间、房间或区域直接提供处理空气的设备。它主要包括制冷系统以及空气循环和净化装置，还可以包括加热、加湿和通风装置。

随着中国经济的快速发展，单元式工商用空调在人们的生活、生产中的应用需求已经大大增加，不仅与人们生活息息相关，同时也是建筑物、冷链物流和工业领域中不可或缺的重要组成。因此，暖通从业者必须对单元式工商用空调机的结构特点、工作过程、常见故障及维护进行了解。

1. 单元式空调机组分类

工商用单元式空调机存在多种分类方式。根据其功能特点分为冷风型（L）、热泵型（R）和恒温恒湿型（H）；按冷凝器的冷却方式，分为水冷式（水源）和风冷式（空气源）；按结构形式，分为整体型和分体型；按送风形式，分为直接吹出型，直接吹出、接风管两用型和接风管型；根据压缩机类型不同，工商用单元式空调机组还可分为活塞式机组、螺杆式机组以及离心式机组等。

2. 单元式空调机组的组成

工商用单元式空调系统，是应用于小型办公、工业或商用场所的空调系统，其结构多以一台室外机通过制冷管路连接一个或多个末端设备（室内机），构成一个或多个制冷循环，来实现室内空气的调节。

最常见的单元式空调机为柜式空调机组，具有功率大、风力强、适合大面积房间等优点，接下来以柜式空调机组为例，解说其结构和功能特点。

单元式空调外观示意图如图1-1所示，单元式空调结构示意图如图1-2所示，其主要部

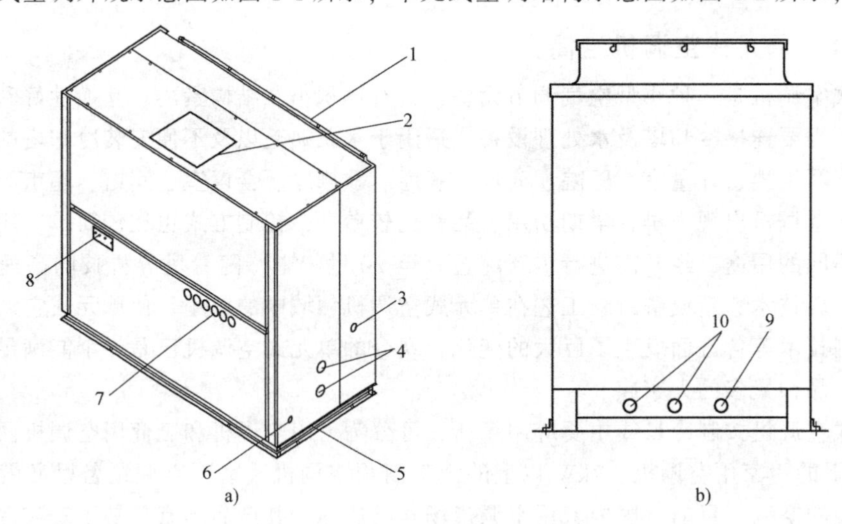

图1-1　单元式空调外观示意图

a）室内机　b）室外机

1—回风口　2—送风口　3—蒸发器排水孔　4—冷却水连接孔（水冷冷风型机组专用）　5—与室外机连接孔（风冷冷风型机组专用）　6—电源线孔　7—压力表　8—控制器　9—室外机电源线孔　10—与室内机连接孔

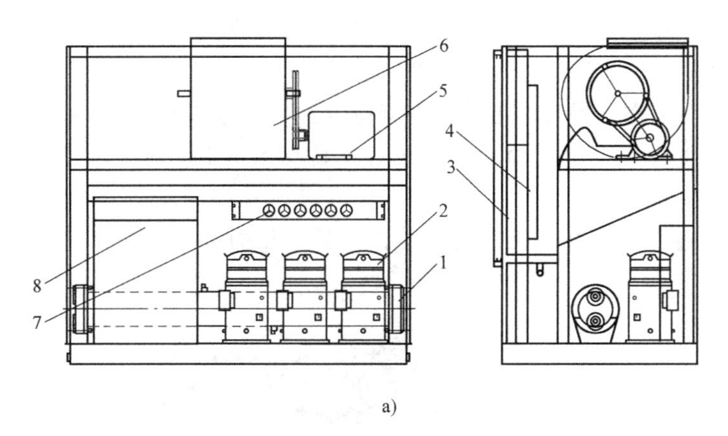

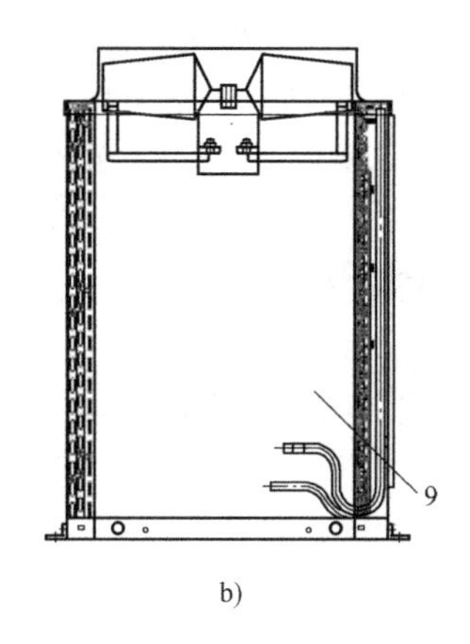

图 1-2　单元式空调结构示意图

a）室内机　b）室外机

1—壳管式冷凝器（水冷冷风型机组专用）　2—压缩机　3—翅片式蒸发器　4—电加热器［或蒸汽（热水）盘管］　5—电动机　6—风机　7—压力表　8—电控箱　9—室外机（风冷冷风型机组专用）

件包括：

（1）压缩机（图 1-3）　压缩机是整个空调系统的核心，也是系统动力的源泉。在空调中它的目的就是把低温的气体通过压缩机压缩成高温的气体，最后气体在热交换器中和其他的介质进行换热。单元式空调压缩机通常选用高性能的进口压缩机，安全、可靠、能效比高。50HP 以下采用全封闭压缩机，55HP 以上采用半封闭压缩机。

（2）风机　单元式空调机最突出的特点是产生舒适的居住环境，因此必须在满足性能需求（风量、静压）的同时，兼顾低噪声。通常采用的离心风机，具有风量大、静压高、噪声低和运转平稳等优点。

（3）热交换器　单元式空调进行室内温度调节是通过向室内输入冷/热空气实现的，热交换器的作用就是将冷量/热量传递给空气，决定热交换器优劣的是换热效率。图 1-4 所示为翅片式蒸发器。

图 1-3　压缩机

图 1-4　翅片式蒸发器

（4）机壳　根据功能以及安放环境和位置的不同，室内机与室外机机壳特点也略有差别。

1）室内机：因位于室内，通常室内机对外观的要求很高。其外壳通常采用铝合金圆弧边框结构，或者菱形边框结构，整体结构紧凑，美观大方，富有现代气息。

2）室外机：因位于室外，除了外观、散热的需求外，室外机还要考虑防潮防生锈等因素，因此外壳常采用优质钢板表面喷涂或不锈钢材料，以避免生锈困扰。

（5）加湿器　顾名思义，用于增加空气湿度，维持室内舒适度，加湿器如图1-5所示。

（6）加热器　用于提高送风温度，常采用加肋高效电热管，具有体积小、热功转换率高等特点。

（7）制冷配件　包括膨胀阀、过滤器、电磁阀、高低压控制器、压力表等配件，膨胀阀如图1-6所示。

图1-5　加湿器

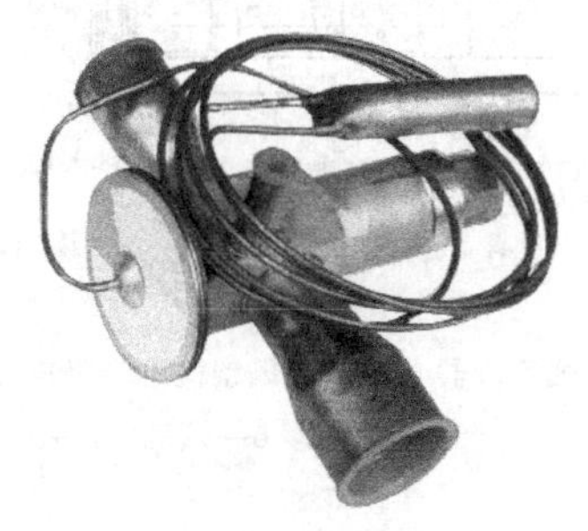

图1-6　膨胀阀

3. 工商用单元式空调机组工作过程（制冷原理）

如图1-7所示，空调在做制冷运行时，低温低压的制冷剂气体被压缩机吸入后加压变成高温高压的制冷剂气体，高温高压的制冷剂气体在室外热交换器中放热（通过冷凝器冷凝）变成中温高压的液体（热量通过室外循环空气或循环水带走），中温高压的液体再经过节流部件节流，然后进入蒸发器进行换热。

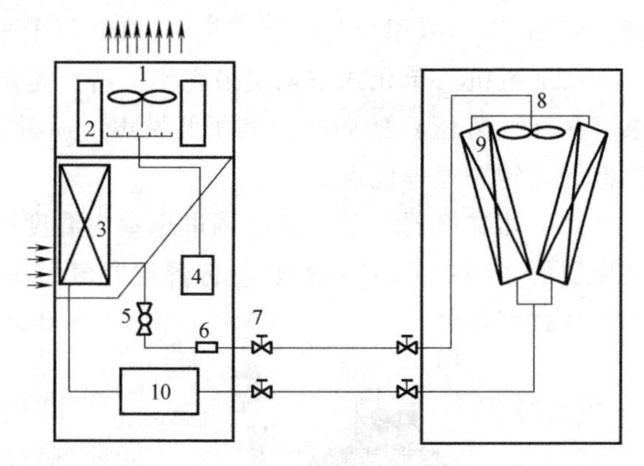

图1-7　单元式空调制冷原理示意图

1—室内风机　2—电加热器　3—蒸发器　4—加湿器　5—膨胀阀　6—过滤器　7—连接阀　8—室外风机　9—室外冷凝器　10—压缩机

（1）制冷剂循环系统　蒸发器中的液态制冷剂吸收空气的热量（空气被降温及除湿）并开始蒸发，最终制冷剂与空气之间形成一定的温度差，液态制冷剂亦完全蒸发变为气态，后被压缩机吸入并压缩（压力和温度增加），气态制冷剂通过冷凝器（风冷/水冷）吸收热量，凝结成液体。通过膨胀阀（或毛细管）节流后变成低温低压制冷剂进入蒸发器，完成制冷剂循环过程。

（2）空气循环系统　风机负责将空气从回风口吸入，空气经过蒸发器（降温、除湿）、加湿器、电加热器（升温）后经送风口送到用户所需的空间内，送出的空气与空间内的空气混合后回到回风口。

（3）电器自控系统　其包括电源部分和自动控制部分。电源部分通过接触器，对压缩机、风扇、加湿器等供应电源。自动控制部分又分为温、湿度控制及故障保护控制。温、湿度控制是通过温、湿度控制器，将回风的温湿度与用户设定的温湿度做对比，自动运行压缩

机（降温、除湿）、加湿器、电加热器（升温）等元件，实现恒温恒湿的自动控制。故障保护控制是通过压力保护、延时器、继电器、过载保护等相互组合，达到对压缩机、风机、加湿器等元件进行故障保护的控制。

4. 工商用单元式空调机组技术参数及相关标准

根据国家标准 GB/T 17758—2010，单元式空调机组的主要技术参数定义如下：

（1）制冷量　在规定的制冷能力试验条件下，空调机单位时间内从封闭空间、房间或区域除去的热量总和，单位：W。

（2）制热量　在规定的制热能力试验条件下，空调机单位时间内向封闭空间、房间或区域送入的热量总和，单位：W。

以上空调机的名义制冷（热）量按标准规定中表 B. 1 的名义工况参数确定。

（3）制冷消耗功率　在规定的制冷能力试验条件下，空调机运行时所消耗的总功率，单位：W。

（4）制热消耗功率　在规定的制热能力试验条件下，空调机运行时所消耗的总功率，单位：W。

（5）制冷能效比（EER）　在规定的制冷能力试验条件下，空调机制冷量与制冷消耗功率之比，其值用 W/W 表示。

（6）制热性能系数（COP）　在规定的制热能力试验条件下，空调机制热量与制热消耗功率之比，其值用 W/W 表示。

（7）风量　在规定的风量试验条件下，空调机单位时间内向封闭空间、房间或区域送入的空气量，单位：m^3/h。接风管空调机是在制造厂规定的机外静压送风运行时，该风量应换算成温度为 20℃、大气压力为 101kPa、相对湿度为 65% 的状态下的数值，单位：m^3/h。

标准给出单元式空调机组的性能要求部分节选如下：

（1）制冷系统密封性能要求　按标准 6. 3. 1 方法试验时，空调机制冷系统各部分不应有制冷剂泄漏。

（2）制冷量要求　按标准 6. 3. 3 方法试验时，空调机的实测制冷量不应小于其名义制冷量的 95%。

（3）制冷消耗功率要求　按标准 6. 3. 4 方法试验时，空调机的实测制冷消耗功率不应大于其名义制冷消耗功率的 110%。水冷式空调机制冷量每 300W 增加 l0W 作为冷却水系统水泵和冷却水塔风机的功率消耗。

（4）制热量要求　按标准 6. 3. 5 方法试验时，空调机的实测制热量不应小于其名义制热量的 95%。热泵型空调机的热泵名义制热量不应低于其名义制冷量。

（5）制热消耗功率要求　按标准 6. 3. 6 方法试验时，空调机的实测制热消耗功率不应大于名义制热消耗功率的 110%。

（6）凝结水排除能力要求　按标准 6. 3. 12 方法试验时，空调机室内机应具有排除凝结水的能力，不应有水从空调机中溢出或吹出。

（7）自动融霜要求　按标准 6. 3. 13 方法试验时，要求融霜所需总时间不应超过试验总时间的 20%。在融霜周期中，室内机的送风温度低于 18℃ 的持续时间不应超过 1min。另外，融霜周期结束时，室外侧的空气温度升高不应大于 5℃；如果需要可以使用热泵空调机内的辅助制热或按制造厂的规定。

（8）噪声要求　按标准 6.3.14 测量空调机的噪声，噪声测定值不应大于明示值+3dB（A），且不应超过表 2 的规定。

（9）能效比（EER）要求　按标准 6.3.3 方法实测制冷量与按 6.3.4 方法实测功率的比值不应小于 4.2 规定值的 90%。

（10）性能系数（COP）要求　按标准 6.3.5 方法实测热泵制热量与按 6.3.6 方法实测消耗功率的比值不应小于 4.2 规定值的 90%。

另外，GB 19576—2004《单元式空气调节机能效限定值及能源效率等级》规定了单元式空气调节机能源效率限定值、节能评价值、能源效率等级、试验方法和检验规则。GB 25130—2010《单元式空气调节机 安全要求》规定了单元式空调机的安全要求，该标准适用于制冷量大于或等于 7kW、额定电压小于 600V 交流电源的空气冷却和水冷却的单元式空气调节机（单冷型、热泵型、带辅助电加热的热泵型及纯电加热制热型），但不适用于非机械制冷方式的单元式空气调节机。

5. 单元式工商用空调今后的改进方向

单元式分体热泵柜机适用于多种场合，有着广阔的市场。我国幅员辽阔，气候复杂多变，空调应该具有在不同的工况下都能正常工作的能力。现有的产品在技术上还需进一步提高，目前分体柜机室内风机具有三档风速，可满足用户对风量的不同需要，但室外风机一般还采用单速电动机，风量不能调整，而实际应用中不同的工况下所需的风量是不同的，有些特殊的用户在冬季时也有制冷的需求，因此现有的空调应用到特殊场合时会产生一些问题。而室外风机采用变速调节即可解决这些问题。从技术实际上考虑，采用多级变速更为合理。叶轮多级变速的控制有两种方法。一是由室内电路板来控制，其特点是简单而经济。二是室外增加控制板，在控制转速的同时，也有利于热泵循环时融霜工况的控制，总体效果更为理想。就成本的增加而言，前一种约 1%，后一种为 3%左右；而就性能而言，第二种却具有明显的优越性。此外，通过室内外电路板间的通信，不必增加很多连接线就可将室外机的运行状态反馈回来，结构简单，便于安装维护。

单元式工商用空调目前还是采用机械式的热力膨胀阀作为节流元件。热力膨胀阀的调节能力比毛细管有很大提高。但是机械式膨胀阀存在调节精度不高、工况稳定时间长的弱点。近些年来，电子膨胀阀越来越多地使用在中大型的中央空调上，它与先进的微型计算机控制器相结合，显示出强大的控制功能，使温度的控制精度更高，带给人们更舒适的环境。目前由于电子膨胀阀及控制器的价格较高，还未能广泛地应用于分体式工商用柜机，但随着电子膨胀阀的应用技术更成熟，价格更合理，这必将广泛应用于单元式工商用空调。

1.3.2　单元式空调机组的运行管理

单元式工商用空调机组相比于家用空调器，具有功率大、制冷能力强等特点，操作程序较复杂，如果操作不当，容易引起事故。因此，使用这类空调设备时，必须严格按照操作程序进行。

常用工具有以下几种：

1）制冷常用工具。

2）万用表（3 级以上）（图 1-8）。

3）钳型电流表（5 级以上）（图 1-9）。

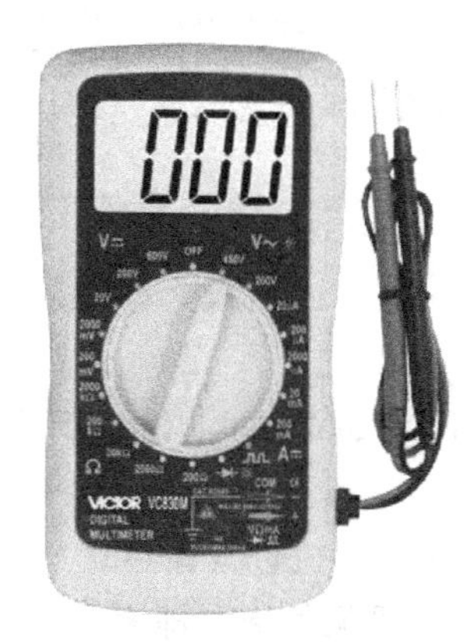

图 1-8　万用表

图 1-9　钳型电流表

4）压力表（高压量程 0~3.5MPa 或 0~1.75MPa，低压量程 0~1.5MPa，带三通阀、表管、高/低压表）（图 1-10）。

5）500V 绝缘测试仪（兆欧表）（图 1-11）。

图 1-10　压力表

图 1-11　兆欧表

1. 单元式空调机组开机操作程序

机组日常运行管理应有专人负责，需按有关的规程进行运转操作，进行开机前检查。

（1）开机前检查步骤

1）电源、仪器仪表检查。

① 初次开机前应检查配电容量与机组功率是否相匹配，所选用电缆是否能够承受机组最大工作电流。

② 检查配电电源是否与机组铭牌电源要求一致，一般为三相五线制（三根相线，一根零线，一根地线，380V±10%）。

③ 检查电控箱各线路接线端是否拧紧（由于长途运输以及吊装等因素影响，机组接头处可能产生松动），如有松动，应重新拧紧。否则可能会导致机组电控箱内电器元件（如断路器、交流接触器等）及压缩机等的损坏。检查各电控仪表、电器是否安装正确、齐全有效。

④ 用万用表对所有的电气线路仔细检查，检查接线是否正确安装到位；用兆欧表测量，确信无外壳短路；检查接地线是否正确安装到位，对地绝缘电阻是否大于 2MΩ；检查电源线是否合乎容量要求。

⑤ 检查供给机组的电源线上是否安装断路开关。

2）制冷系统检查。

① 检查高、低压力值设定值是否正常。

② 检查压缩机内油位是否正常，要求油位在油镜的 1/2~3/4，如润滑油不足应立即停机添加润滑油。

③ 初次开机或长时间停机后提前 12~24h 接通电源，对压缩机进行预热。

④ 检查制冷剂充注量，在全负荷情况下，如在视液镜内可见气泡，即表示冷媒量不足，需添加制冷剂。

⑤ 检查压缩机接线是否正确。压缩机起动后立即关机，观察瞬间系统压力的变化，确保排气压力上升，回气压力下降。反之压缩机为反转，需重新调整压缩机的接线顺序。

⑥ 在主回路断开的情况下进行试运转，检查动作顺序是否正常。

3）水系统检查。

① 初次起动前，都要检查附属设备，如水管连接是否安装正确。

② 检查水泵控制线是否接到适当位置。

③ 起动循环水泵，但同时，有刻度的截止阀应该是关闭的，慢慢将它打开，再打开其他截止阀，将水慢慢注入机组内。注意，要将空气排除。

④ 检查水流方向及水流量。

（2）开机操作程序

1）制冷。

① 通过显示器设置回风温度低于环境温度，按显示器“运行”键，压缩机与室外风机同时起动，系统制冷运行。

② 压缩机起动时应观察高、低压压力表的变化，正常情况下低压压力下降，高压压力上升，若压力无变化应立刻停机。

③ 压缩机起动时如发现任何异常情况时应及时停机处理，否则不得再次对压缩机进行起动。

④ 水冷机组：起动冷却塔风机，检查冷却塔风机转向，如果反向，则请调整冷却塔电源任意两相的相序。

风冷机组：检查室外风机的转动方向，如反转则立即停机，将其电源线的任意两根相线调换即可。用钳型电流表测量压缩机、轴流风机等的运行电流。要求其运行电流小于额定电流。确保压缩机、轴流风机无异响、无异振动。

⑤ 检查压缩机油镜内的压缩机油油位，要求油位在油镜的 1/2~3/4，否则应立即添加压缩机油。

2）制热。通过显示器设置回风温度高于环境温度，按显示器“运行”键，机组制热运行。压缩机、电加热器起动后用钳型电流表测量运行电流。要求电加热三相电流平衡，相间电流相差不超过 1A，运行 10min 无温度过热报警，压缩机电流≤压缩机额定电流。注意当进风温度高于 27℃时，不要试制热功能，以免温度过高烧坏过热保护熔丝。

2. 单元式空调机组的运行调节

36HP（含 36HP）以下水冷冷风型和风冷冷风型机组采用主令开关控制器，其他采用微型计算机控制器。这里主要介绍主令开关控制器。

（1）操作面板　单元式空调操作面板示意图如图 1-12 所示。

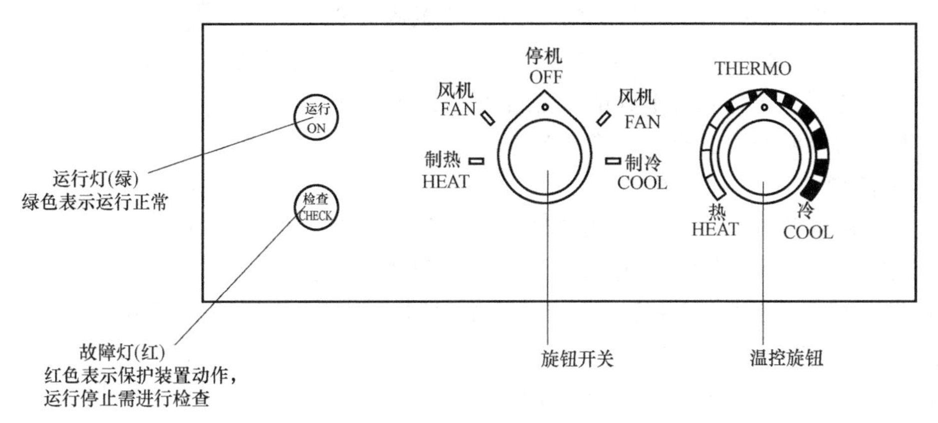

图 1-12　单元式空调操作面板示意图

（2）运行步骤

1）运行准备。首先将旋钮开关置“OFF”，然后将电源开关转到“ON”。

注意：当进行运行测试或长时间停机后的首次运行时，必须将电源开关至少提前 12~24h 接通。

2）旋钮开关操作。单元式空调旋钮开关示意图如图 1-13 所示。

3）温度控制。单元式空调温控示意图如图 1-14 所示。

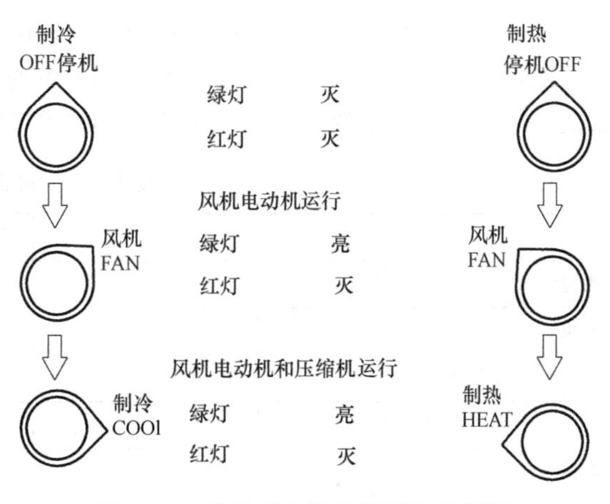

图 1-13　单元式空调旋钮开关示意图

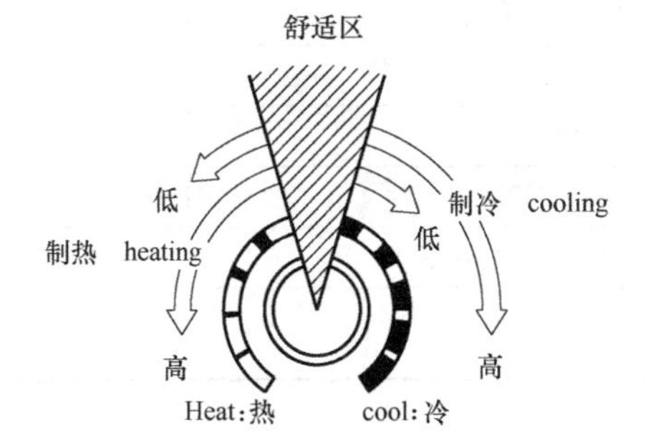

控制方法	
转至右高冷	制冷
转至左高热	制热
中间区	舒适区

图 1-14　单元式空调温控示意图

4）关机。将旋转开关转至“OFF”，把电源开关打至“OFF”。

注意：请记住下列要点，以免机组发生故障和损坏。

① 重新起动空调机，至少间隔 3min。

（因空调机压缩机内装了曲轴箱加热器，因此以下数点请严格遵守）。

② 空调机短期停机时，如过夜或周末，应将旋转开关转至“OFF”，但保持电源开关接通。

③ 空调机长期停机后首次运行时，必须提前12~24h接通电源。

④ 若空调机因电源故障停机，请将旋转开关转至“OFF”。

（3）试机及记录　空调机安装连接完毕之后，需进行调试运行，应按下列步骤进行：

1）检查电源电压（正常电源电压范围为342~415V）。

2）检查主电源线，注意不要接错N（零）线。

3）提前12~24h接通电源。

4）将旋转开关置于“FAN”或按显示器“风机”键，风机起动，检查室内机风机转向，若反转需立即关机并调整主电源相序（切勿调动机内电控线路）。

5）将旋转开关置于“COOL”或按显示器“制冷”键，检查室内机风机转向，若反转需立即关机并调整室内机电源相序。

6）开空调机（将旋转开关置于“COOL”位置或按显示器“制冷”键）。

7）稳定运行1h后，记录表1-1中所列项目的数据。

8）再将旋转开关置于“HEAT”或按显示器“制热”键，测出压缩机工作电流，并计算电加热器功率记录于表1-1中（仅指RF系列空调机，且注意当进风温度高于27℃时，不要试制热功能，以免温度过高烧坏过热保护熔丝）。

表1-1　试机记录及表格

机型		室内机进风湿球温度	
机身编号		室内机出风干球温度	
购机日期		室内机出风湿球温度	
试机时环境温度		冷凝器进水温度	
试机时环境湿度		冷凝器出水温度	
电源电压		冷凝器进水压力	
机外静压		冷凝器出水压力	
室内机风机是否反转		冷却水流量	
室内机风机电流		系统高压	
压缩机电流		系统低压	
运行时间		电加热器工作电流	
室内机进风干球温度		电加热器功率计算值	
备注			

试验人：

试机时间：

3. 单元式空调机组的运行参数及故障分析

（1）正常运行参数分析　单元式空调机组的运行特性主要包括制冷量、制热量、输入功率、COP或EER以及蒸发温度、冷凝温度、吸排气压力、压比情况。由制冷原理可知，这些运行特性和热源温度关系密切。在制冷系统中，通常采用的热源为空气或水。热源的温

度变化对机组运行特性来说，最终规律是相似的。下面以水为例来分析热源温度变化对机组供热、制冷能力的影响。

1）热源温度变化对机组供热能力的影响。

① 制热量随进水温度的变化。图1-15给出了制热工况下制热量随进水温度的变化趋势。从图中可以看出，随着进水温度的升高，机组的制热量逐渐增加，且变化较为明显，由6℃时的1.35kW升高到21℃时的1.58kW。

② 输入功率随进水温度的变化。图1-16所示为制热工况下压缩机输入功率随进水温度的变化趋势。从图中可以看出，随着进水温度的升高，压缩机输入功率不断增加。

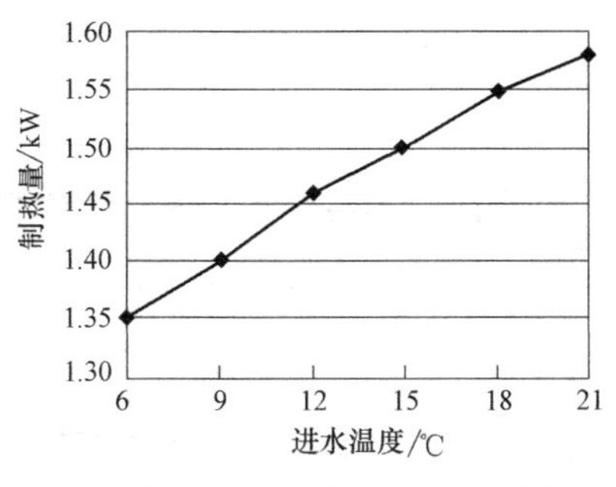

图1-15 制热量随进水温度变化图

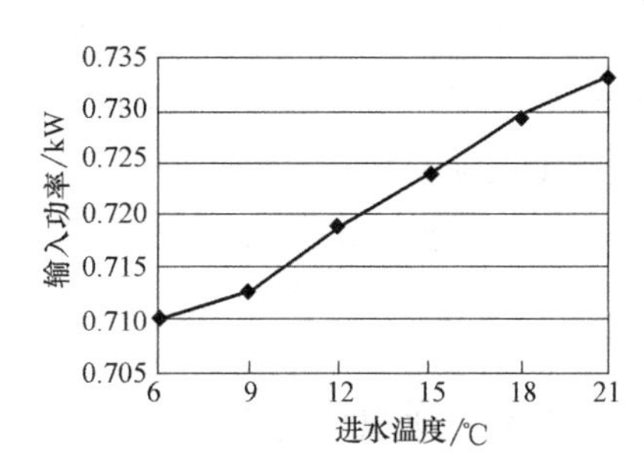

图1-16 输入功率随进水温度变化图

③ EER随进水温度的变化。图1-17所示为制热工况下EER随进水温度的变化趋势。EER从1.90升高到2.15，升高率为13.2%。进水温度升高，制热量增加，所需的输入功率也增加，但增加幅度小于制热量的增加，故EER随着进水温度升高不断增加。

④ 蒸发温度和冷凝温度随进水温度的变化。图1-18所示为制热工况下蒸发温度和冷凝温度随进水温度的变化趋势。蒸发温度和冷凝温度是影响压缩机制冷量和制热量的主要因素。由于蒸发温度和吸气压力、冷凝温度和排气压力是一一对应的关系，所以制热工况下，冷凝温度基本不变，蒸发温度有上升趋势。

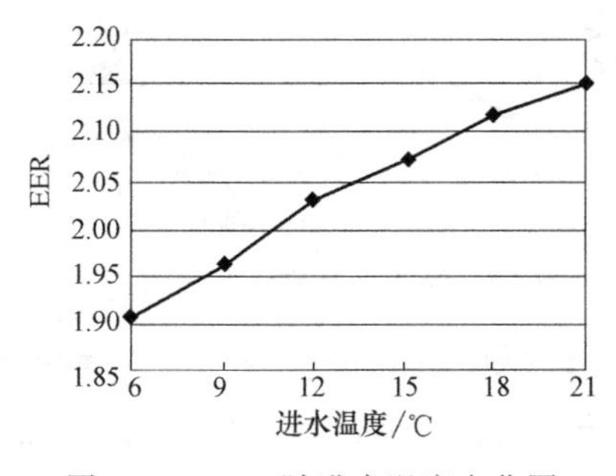

图1-17 EER随进水温度变化图

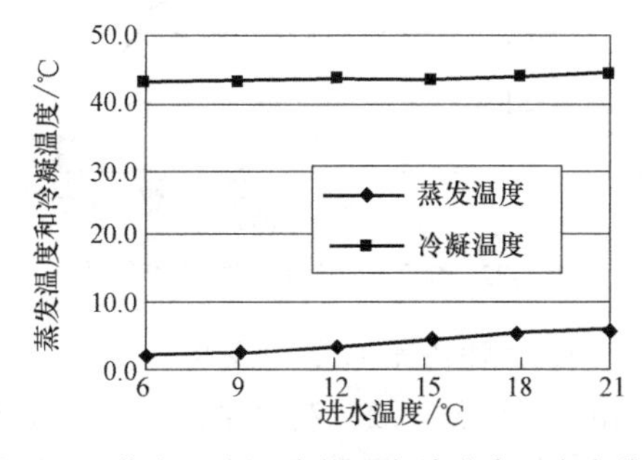

图1-18 蒸发温度和冷凝温度随进水温度变化图

⑤ 吸排气压力随进水温度的变化。图1-19所示为制热工况下吸排气压力随进水温度的变化趋势。进水温度升高，排气压力变化不大，但吸气压力呈上升的趋势。

⑥ 压力比随进水温度的变化。图1-20所示为制热工况下压力比随进水温度的变化趋势。随着进水温度的增加，制热情况下吸气压力增加，排气温度变化不大，使得压力比呈减小的趋势。

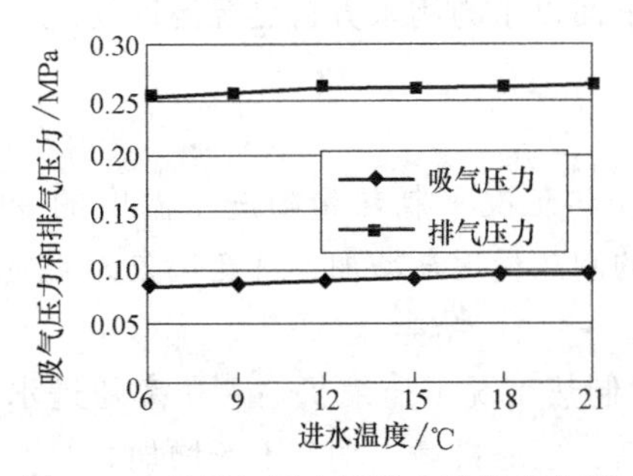

图 1-19 吸排气压力随进水温度变化图

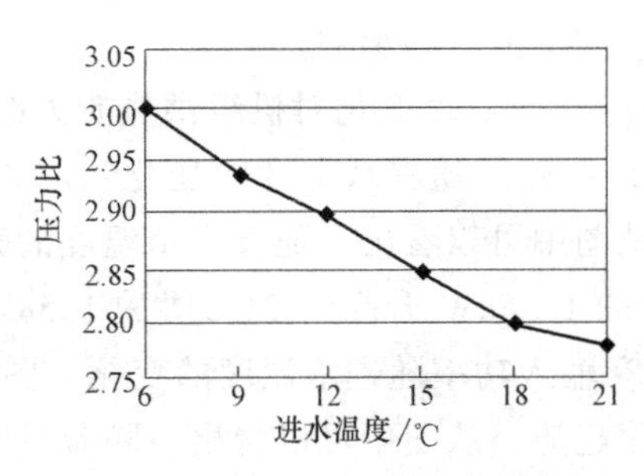

图 1-20 压力比随进水温度变化图

⑦ 吸排气温度随进水温度的变化。图 1-21 所示为制热工况下吸排气温度随进水温度的变化趋势。制热工况下，吸气温度上升幅度较大，而排气温度波动不大。

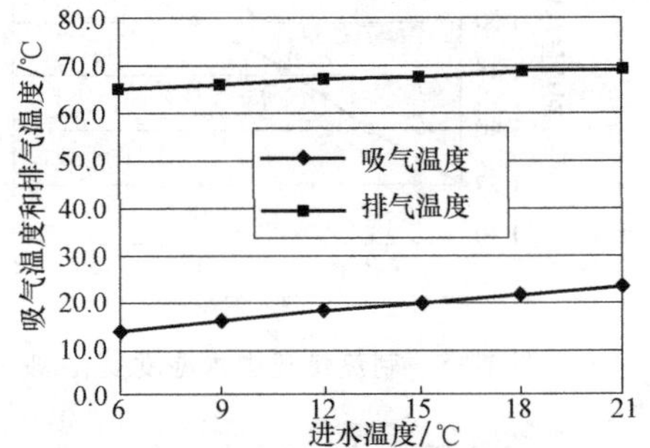

图 1-21 吸排气温度随进水温度变化图

2）热源温度变化对机组制冷能力的影响。

① 制冷量随进水温度的变化。图 1-22 给出了制冷工况下制冷量随进水温度的变化趋势。从图中可以看出，随着进水温度的升高，机组的制冷量逐渐减少，从 18℃ 的 2.3kW 降低到 30℃ 的 1.9kW 左右，30~33℃时降幅相对较大。

② 输入功率随进水温度的变化。图 1-23 所示为制冷工况下压缩机输入功率随进水温度的变化趋势。从图中可以看出，随着进水温度的升高，压缩机输入功率不断增加，而 EER 则不断增加。

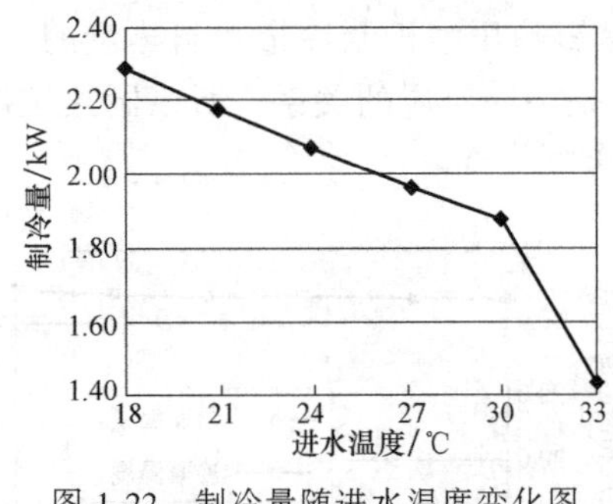

图 1-22 制冷量随进水温度变化图

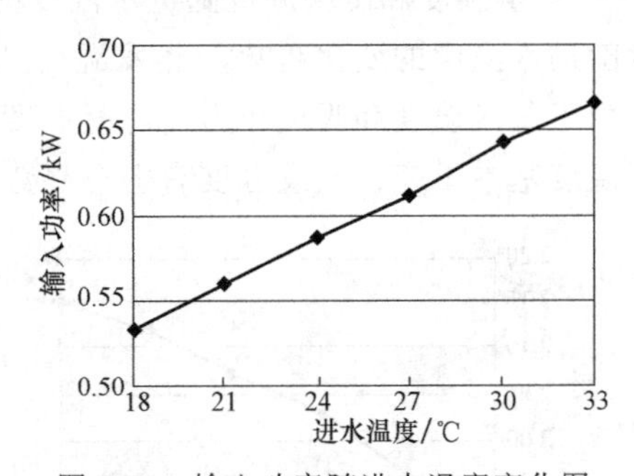

图 1-23 输入功率随进水温度变化图

③ COP 随进水温度的变化。图 1-24 所示为制冷工况下 COP 随进水温度的变化趋势。COP 由 4.4 降到 2.2，制冷量总体下降了 50%。进水温度升高，制冷量减少，而所需的输入功率均增加，必然导致机组的 COP 不断减少。

④ 蒸发温度和冷凝温度随进水温度的变化。图 1-25 所示为制冷工况下蒸发温度和冷凝温度随进水温度的变化趋势。制冷工况下，蒸发温度变化不大，冷凝温度由 23.7℃增加到 43.7℃，上升明显。

⑤ 吸排气压力随进水温度的变化。图 1-26 所示为制冷工况下吸排气压力随进水温度的变化趋势。进水温度升高，吸气压力基本变化不大，保持在 0.9MPa 左右，而排气压力随进水温度的升高呈上升的趋势较为明显，进水温度为 18℃时为 1.58MPa，到 33℃时升高到

2.27MPa。由此可知，制冷工况下进水温度对于排气压力而言是关键影响因素。

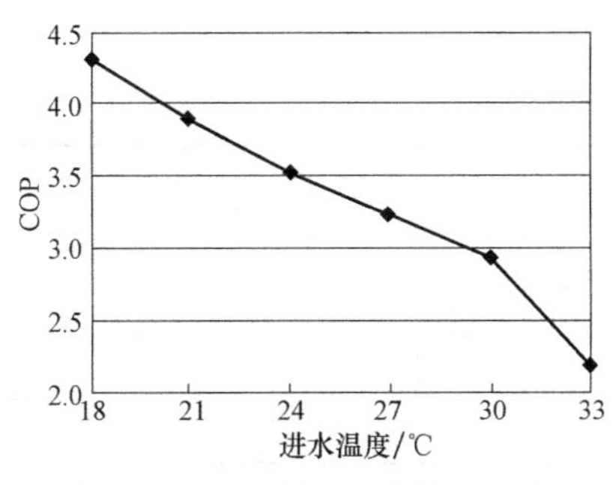

图 1-24　COP 随进水温度变化图

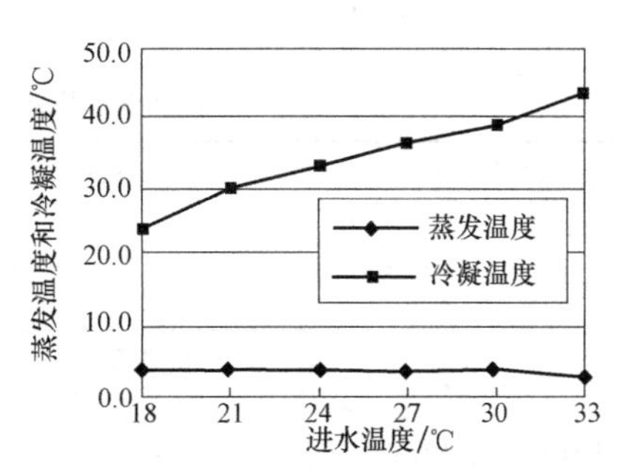

图 1-25　蒸发温度和冷凝温度随进水温度变化图

⑥ 压力比随进水温度的变化。图 1-27 所示为制冷工况下压力比随进水温度的变化趋势。制冷工况下的压力比从 18℃时的 1.75 上升到 33℃时的 2.61，变化较大，这是因为排气压力增加而吸气压力基本不变。

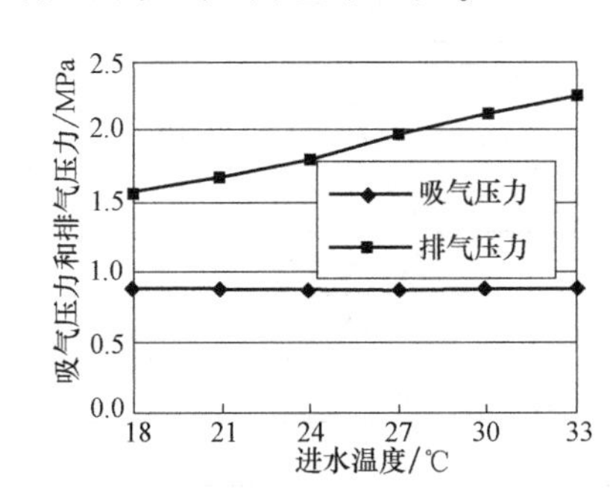

图 1-26　吸排气压力随进水温度变化图

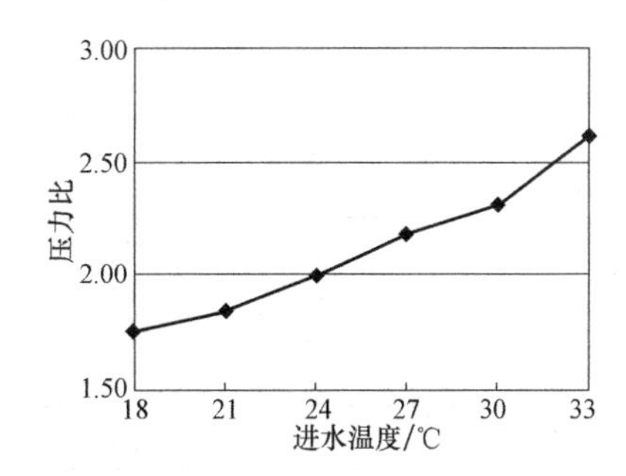

图 1-27　压力比随进水温度变化图

⑦ 吸排气温度随进水温度的变化。图 1-28 所示为制冷工况下吸排气温度随进水温度的变化趋势。制冷工况下，排气温度上升明显，吸气温度略有上升，但幅度不大。

(2) 机组日常运行检查　恒温恒湿机组在起动结束后即进入运行阶段。在日常运行中应注意检查和处理以下内容：

1) 运转设备的温度、声音、振动是否正常，如不正常需采取必要措施进行处理。检查运转设备的电流、表面温度等是否正常。

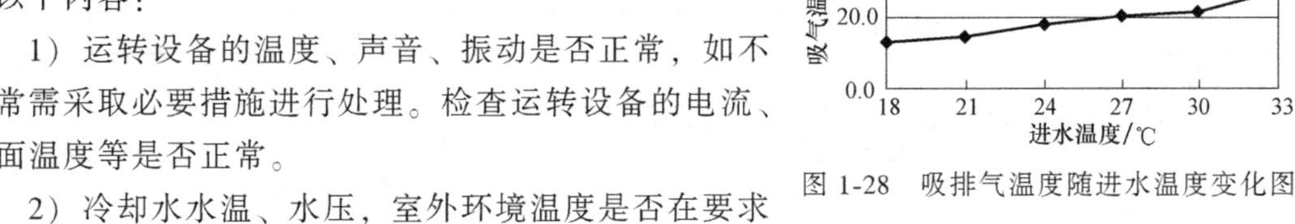

图 1-28　吸排气温度随进水温度变化图

2) 冷却水水温、水压，室外环境温度是否在要求范围内，若超出范围应进行调整。

3) 机组运行稳定后，检查吸气压力、排气压力、油位是否正常，如不正常需进行调整。

4) 检查房间内温、湿度值是否在正常范围内。

(3) 故障分析与排除　机组在运行中若出现异常现象，必须立即查明故障原因，即时排除故障，待修复后才能继续使用。切勿盲目继续使用以致发生不可预测的损失。机组故障分

析、排除方法及对策见表1-2。

注意：在对机组进行任何操作之前，必须先切断电源。

表1-2 机组故障分析、排除方法及对策

故障现象	可能产生原因	排除方法及对策
无制冷或制热		
风机和压缩机都不工作	电源故障	恢复电源
	控制电路熔丝断	更换熔丝
	电源电压太低	恢复正常电源电压
	接触器、温控器或继电器故障	更换故障元件
	电气连接松开	上紧连接处
	接线不正确，端子松开	检查接线，上紧
风机工作，但压缩机不转	制冷时温度设置过高	把温控器旋钮转向更冷方向
	压缩机电动机内置保护动作	检查接线和压缩机绕组电阻
风机不转	风机电动机过电流继电器动作	检查过电流原因或与检修人员联系
	风机电动机故障	更换电动机或与检修人员联系
制冷量或制热量不足		
制冷剂不足	泄漏或充注量不足	检漏，补充制冷剂
风量不足	风系统管路设计不合理	检查风系统管路
	室内风机反转	变换电源相序
机组停起频繁		
压缩机起动但很快因热保护而停机	制冷剂过多或过少	检漏，按正确制冷剂充注量充注
	制冷回路中有空气或不凝性气体	重新抽真空并充注制冷剂
	压缩机故障	找出原因并更换压缩机
	电压过高或过低	关闭系统，电压稳定后重新起动
	制冷剂回路受阻	找出原因，更换过滤器
	毛细管阻塞	更换毛细管，抽真空并重新充注制冷剂
	室内机或室外机气流不畅通	定期清洁盘管和过滤器，检查电动机是否正常运行
	四通阀故障（热泵机组）	更换四通阀
其他故障		
室内盘管结霜	制冷剂充注不足，制冷剂泄漏	检漏并重新充注
	气流不足	检查过滤网是否堵塞
空调机工作，但制冷效果不佳	过滤网堵塞	清洗过滤网
	冷凝器积尘过厚	去除灰尘
	进出风口有堵物	去除堵物
风机工作，但制热效果差	制热时温度设置过低	把温控器旋钮转向更热方向
	部分电热管烧坏	与检修人员联系更换
不制热	电加热器过热保护动作	检查热保护开关、过热熔丝及热继电器，并与检修人员联系

1.3.3　单元式空调机组的维护保养

维护保养工作是一项预防性的、有计划进行的经常性工作，其主要内容是根据维护保养制度进行必要的加油、清洁、清洗、易损材料与零件的更换等工作，以及视具体情况而进行的紧固、调整、小修小补等工作。忽视这些琐碎而繁杂的维护保养工作，往往是系统和设备运行不正常、故障频繁发生的主要原因之一。

机组停机应按规定程序，切勿频繁开停机。

1）停制冷系统。

停机程序为：停压缩机—停冷却水系统（水冷机组）或冷凝风机（风冷机组）。

2）停机组风机。

3）关闭电源。

1. 日常停机保养

1）密切注意冷却水水源的变化，阻止周围环境对水源的污染，如空气中 SO_2 等有害气体对水源的污染等，保证水源清洁。

2）观察温度传感器（图1-29）有否杂物污染，保持探头清洁，保证传感的精确度。

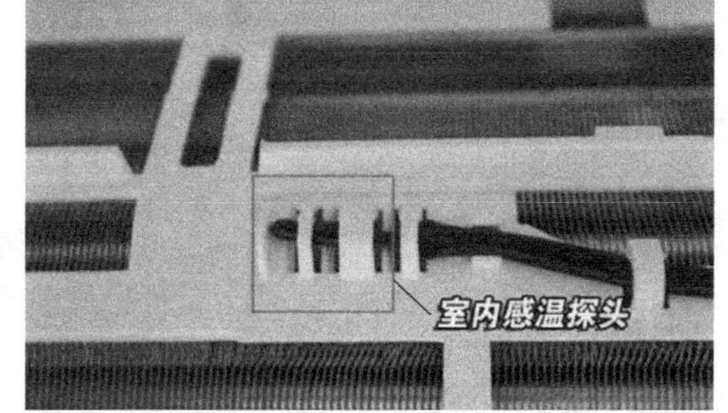

图1-29　温度传感器（室内感温探头）示意图

3）检查压缩机油镜内的压缩机油油位，要求油位在油镜的1/2~3/4，否则应立即添加压缩机油。压缩机运行无异响、无异振动。

4）每周用中性清洁剂清洗过滤网（图1-30）一次，在阴凉地方晾干。太脏时清洗次数可多些。若过滤网堵塞，空气吸入不够，将导致性能恶化甚至机组故障。

图1-30　过滤网示意图

5）定期用干布擦干面板，不可用溶剂或砂纸以防损坏面板。若太脏，可用布蘸中性清洁剂清洗，洗完后用干净布擦干。

6）对于水冷系列机组，冬季有可能冰冻的地区，要将冷凝器中的水排干，以免冻裂管道。

7）定期检查传动带松紧度。方法是用手以中等压力去压传动带，压下量为10~25mm为宜，否则应做调整。

2. 年度停机保养

单元式空调机长时间运转后，应按照有关规程进行年度停机保养，通常停机时间为几个月或更长时间。由于停机时间较长，可进行较多的保养任务，以及进行设备检修。

1）按操作程序关机，防止制冷剂泄漏，检查制冷剂充注量是否充足，若不足则需添加制冷剂。

2）检查、清洗或更换过滤网、接水盘等部件。

3）检查传动带，下垂 10~20mm 时为松紧合适。若出现打滑、老化时，应对传动带进行更换。

4）检查安全保护装置，包括油压差控制器、高/低压控制器、安全阀等装置。

5）校验各指示仪表是否正常。

6）检查各线路接线是否有松动，如有松动需重新拧紧。

7）全面清查各系统中是否有污垢和杂物，并进行清理。

注意：单元式空调机长期停机后首次运行，电源开关至少提前 24h 接通，并清洗过滤网和接水盘。

思考与练习

1-1　常见单元式工商用空调机组与家用空调机组存在哪些差异？

1-2　单元式空调都由哪些主要部件构成？单元式空调机组可以分为哪几类？

1-3　单元式空调机组开机与停机都有哪些步骤？进行单元式空调的开停机练习。

1-4　在单元式空调机组日常运行中，需要注意什么？

1-5　练习解决单元式空调机组常见故障。

1-6　单元式空调机组都需要进行哪些维护保养？维护保养频率应为多少？

第2章 冷水机组

2.1 学习目标

首先进行实践教学，让学生认识冷水机组，了解有关空调用冷水机组的结构、分类、特点及工作原理。进行多媒体理论教学，让学生掌握冷水机组的运行管理和维护保养知识。

2.1.1 基本目标

1）熟悉冷水机组的分类及组成。

2）掌握冷水机组开停机程序和正常运行的标志。

3）掌握冷水机组的维护保养。

4）熟悉冷水机组的操作。

2.1.2 终极目标

进行多媒体理论教学，让学生掌握冷水机组的运行管理和维护保养知识。

2.2 工作任务

通过中央空调实训室或企业中央空调机房冷水机组的运行调试及多媒体教学，使学生了解活塞式冷水机组的基本概况，逐步掌握冷水机组运行管理的主要内容及注意事项。

2.3 相关知识

2.3.1 冷水机组简介

冷水机组就是将制冷系统中的部分设备或全部设备组装在一起，成为一个整体，以提供冷水。它多数采用氟利昂为工质，也有采用氨为工质的。这种机组结构紧凑，使用灵活，管理方便，而且占地面积小，安装简便，其中有些机组只需连接水源和电源即可。

冷水机组按驱动动力分为电力驱动的冷水机组和热力驱动的冷水机组。电力驱动的冷水机组多采用蒸气压缩式制冷原理制造的蒸气压缩式冷水机组，按其所用的压缩机的机头又分为活塞式、螺杆式、离心式、涡旋式冷水机组。热力驱动的冷水机组多采用溴化锂吸收式制冷原理生产的冷水机组，因此称为溴化锂吸收式冷水机组，按其所用的热源不同又分为蒸气型、热水型、直燃型冷水机组，按能量的利用程度分为单效和双效型的吸收式冷水机组。按冷水机组冷凝器冷却方式的不同分为水冷式、风冷式和蒸发冷却式。按其结构设计的不同分为模块化的冷水机组和常规的冷水机组，模块化的冷水机组由几个功能和结构相同的冷水机组的单元组成。

下面分别介绍几种常用的压缩式空调用冷水机组及模块化冷水机组结构。

(1) 活塞式冷水机组　冷水机组中以活塞式压缩机为主机的称为活塞式冷水机组。活塞式冷水机组的压缩机、蒸发器、冷凝器和节流机构等设备，都组装在一起，安装在一个机座上，其连接管路已在制造厂完成了装配，因此用户只需在现场连接电气线路及外接水管(包括冷却水管路和冷冻水管路)，并进行必要的管路保温，即可投入运转。根据机组配用冷凝器的冷却介质的不同，活塞式冷水机组又可分为水冷和风冷两种。

活塞式冷水机组主要以R134a和R22为制冷剂，也有采用氨为制冷剂的。当冷凝器进水温度为32℃、出水温度为37℃、蒸发器进口水温为12℃、出口冷水温度为7℃时，制冷量范围为35~580kW。

图2-1为一种活塞式冷水机组的外形图。活塞式冷水机组装有能量调节机构，制冷量可以按1/3、2/3、1三档进行调节。活塞式压缩机后侧盖上装有电加热器，当油温过低时，接通电源加热，以提高油温。为了保证活塞式压缩机的安全和经济运行，压缩机上装设了一些安全和自动保护设备。在压缩机的吸气腔、排气腔之间，装有安全旁通阀。当排气和吸气压差超过安全旁通阀调定值时，阀即跳起，使高压侧的气体通入低压侧，保护机器不致损坏。在排气和吸气管路上，装设高低压力控制器，当排气压力过高时或吸气压力过低时，使压缩机停机，以实现机器的安全和经济运行。此外，还装设了油压差控制器，它的作用是保证压缩机的润滑安全可靠，一旦油压低于规定值后，压缩机就会停机，以免轴承等摩擦表面的损坏。

冷凝器为水冷卧式壳管式冷凝器。冷却管采用低肋滚轧螺纹管。肋化系数为3.56。冷却水在管内流动，制冷剂蒸气在管外壁凝结。冷凝器筒体一端的侧面为冷却水的进出管接口。冷却水由下面的接管进入冷凝器内的管组内，由上面的接管排出。冷凝器筒体上装有高压安全阀，当冷凝压力超过调定值时，安全阀起跳，使冷凝器压力下降，保证机组安全运转。

干式蒸发器采用纯铜铝芯的复合内肋片管，肋化系数约为2.25，R22在管内汽化，水在管外被冷却。系统充注的R22较少，并且没有蒸发器管组冻裂的危险。为了保证压缩机的干行程，机组中设置了气液热交换器。

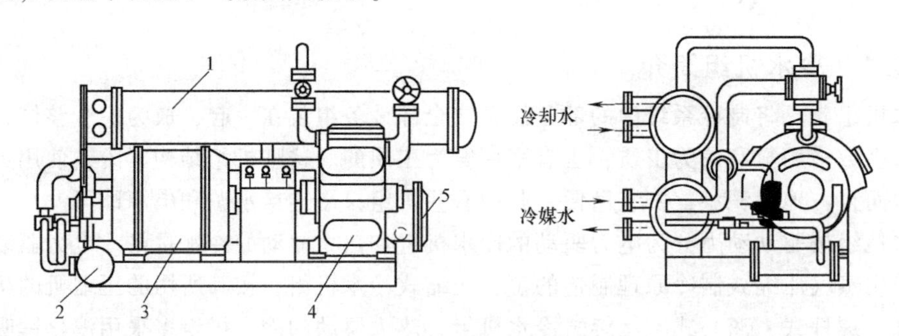

图2-1　活塞式冷水机组的外形图

1—冷凝器　2—气液热交换器　3—电动机　4—压缩机　5—蒸发器

此外，活塞式冷水机组还设置了一系列自动保护装置，除压缩机高低压力控制器和油压差控制器之外，蒸发器一端的冷冻水出口处装有温度控制器和压力控制器，温度控制器作为防冻结保护，压力控制器作为冷媒水断水保护。压力控制器的取压口设在冷媒水出口管上，当压力显著降低后，机器即自行停车。压力控制器的最高调节压力约为3.5×10^5Pa。冷凝器

的冷却水断水保护压力控制器的最高动作压力约为5×10^5Pa，取压口可设在冷凝器进水管路上，也可设在回水管路上。

（2）螺杆式冷水机组　以各种形式的螺杆式压缩机为主机的冷水机组，称为螺杆式冷水机组。它是由螺杆式制冷压缩机、冷凝器、蒸发器、节流装置、油泵、电气控制箱以及其他控制元件等组成的组装式制冷系统。

螺杆式冷水机组制冷系统如图2-2所示。螺杆式制冷压缩机为喷油螺杆，转子采用单边非对称摆线——圆弧形线，具有较高的容积效率（输气系数），设有能量调节装置，能量调节范围为15%～100%，可使压缩机减荷起动和实现制冷量无级调节。此外，还设有内压比可调装置，使压缩机在比较理想的工况下运行，其功率消耗小，运行经济。

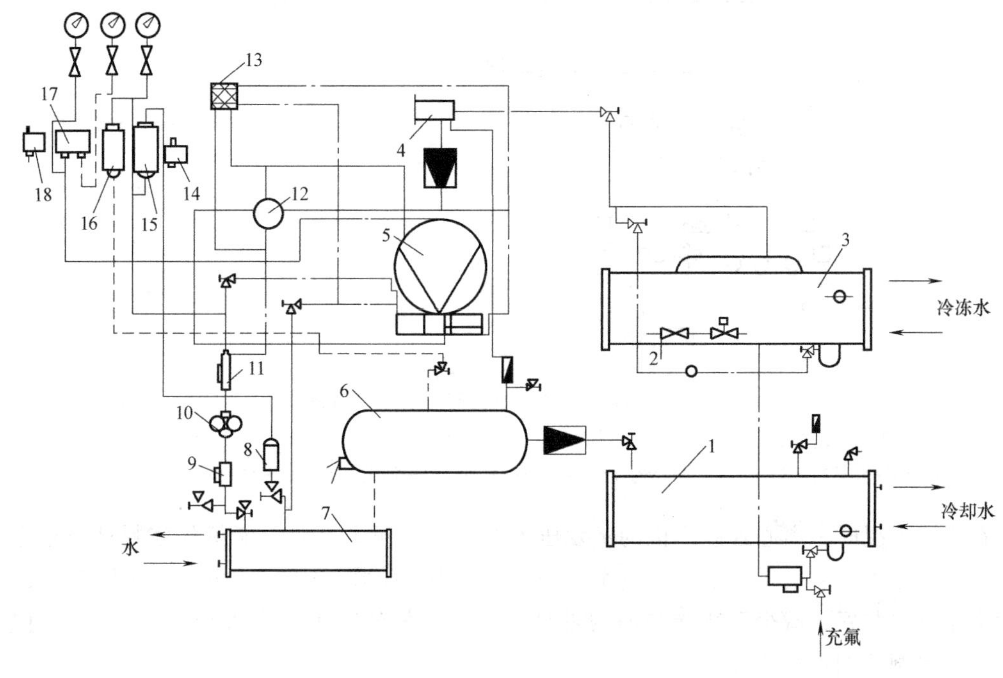

图2-2　螺杆式冷水机组制冷系统

1—冷凝器　2—节流阀　3—蒸发器　4—吸气过滤器　5—螺杆式压缩机　6—油分离器　7—油冷却器　8—油压调节阀　9—油粗滤器　10—油泵　11—油精滤器　12—四通阀　13—四通电磁阀　14、18—油温控制器　15—精滤器前后压差控制器　16—油压差控制器　17—高低压力控制器

蒸发器为卧式壳管式。蒸发管组采用铜管，液体在蒸发管外蒸发，冷水在管内被冷却。冷水由蒸发器一端盖的下部进入，并与制冷剂逆向流动换热，不断降低温度后，再由同一端盖的上部出来，送入需要冷水的地方。筒体一端的侧面设有视油镜，蒸发器安装在冷凝器的上部。

冷凝器为卧式壳管式。冷却管采用铜管，经机械加工而成的螺纹形肋片管。管体上装有出液阀、安全阀和视油镜，冷凝器装设在压缩机的侧旁。节流阀和电磁阀装在冷凝器和蒸发器之间的管路上。

（3）离心式冷水机组　以离心式制冷压缩机为主机的冷水机组，称为离心式冷水机组。根据离心式压缩机的级数，目前使用的有单级压缩离心式冷水机组和两级压缩离心式冷水机组。按照配用冷凝器的形式不同，离心式冷水机组有风冷式和水冷式之分。

图 2-3 为离心式冷水机组制冷系统示意图。它主要由单级离心式压缩机（包括增速器与电动机）、冷凝器、高压浮球阀、蒸发器、制冷剂回收装置（包括活塞式压缩机、油分离器、气液分离器、放空气阀）、干燥器、油箱、油泵、油冷却器、油过滤器以及其他控制器件所组成。

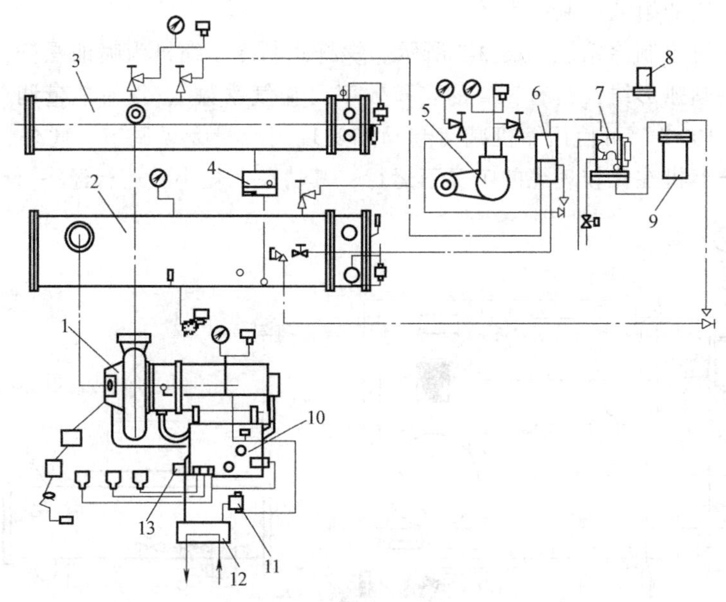

图 2-3　离心式冷水机组制冷系统示意图

1—离心式压缩机　2—蒸发器　3—冷凝器　4—高压浮球阀　5—活塞式压缩机　6—油分离器
7—气液分离器　8—放空气阀　9—干燥器　10—油箱　11—油过滤器　12—油冷却器　13—油泵

在空调工况时，离心式制冷机的蒸发压力低于大气压力，对压缩机的密封性要求很高，所以离心式压缩机制成半封闭式。机组中的电动机为密闭式，同压缩机的机壳直接连接，因而省去了轴封装置，减少了泄漏和磨损部件，电动机的外壳用冷水进行冷却（也可直接向电动机喷射制冷剂进行冷却）。

离心式冷水机组的冷凝器和蒸发器均为卧式壳管式，并采用滚轧低肋片铜管，以增加氟利昂侧的传热面积，提高传热效果。管子与管板的连接采用胀接，筒体内壁涂环氧树脂漆，防止氟利昂对钢的腐蚀。蒸发器的供液采用高压浮球阀控制。

在离心式冷水机组中，有单独的润滑系统。因为压缩机的轴承、增速器的齿轮及其轴承电动机的轴承等，都需要用润滑油来润滑和冷却，因此油路系统对整个机组的安全运行是具有重要意义的。离心式制冷压缩机的润滑采用压力润滑，其润滑系统由油泵、油冷却器、油过滤器、油箱以及油压调节阀等组成。油泵由电动机带动，电动机浸在润滑油内并与油泵共用一根转轴。运行时，从油泵出来的油，经油冷却器冷却，再经油过滤器滤除杂质。过滤后的润滑油经油压调节阀调节到规定的压力后，进入供油管。供油管在中途分为两路：一路去主电动机后部的轴承；另一路到压缩机本体的侧面，进入增速器机壳，通过机壳的给油孔至各轴承、齿轮等进行润滑。润滑后的油积存在压缩机本体油槽内，然后从连接管回到油箱。

（4）涡旋式冷水机组　以涡旋式制冷压缩机为主机的冷水机组，称为涡旋式冷水机组。涡旋式冷水机组的压缩机为全封闭式涡旋式压缩机，压缩机的轴向和径向是可塑性的，轨迹式涡旋叶轮与电动机采用摆动的结构连接，以消除制冷剂和润滑油的影响。采用离心油泵进行润滑。

涡旋式冷水机组的外形结构如图 2-4 所示。电动机为两极，吸入制冷剂气体冷却，带有防过热过载保护。机组的蒸发器和冷凝器采用卧式壳管式。节流机构为热力膨胀阀。

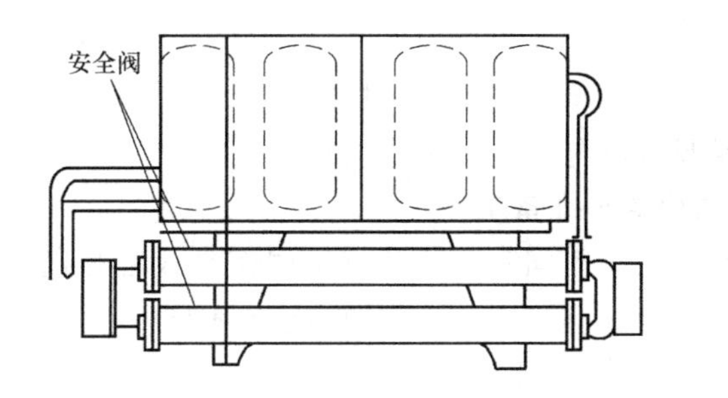

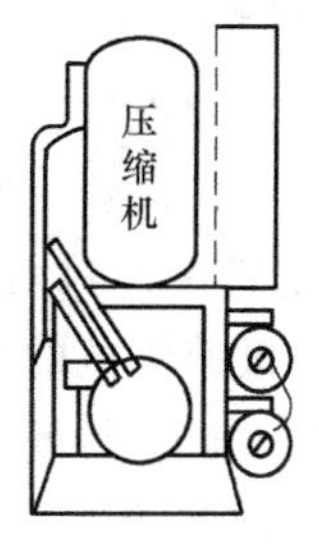

图 2-4　涡旋式冷水机组的外形结构

涡旋式冷水机组的控制系统有微分比例控制冷水温度功能、运行模式控制功能、系统保护功能及遥控和通信功能。运行模式控制包括压缩机起动、容量分级和电路之间防止再起动计时控制、低压起动逻辑控制和电源中断后的自动再起动及多台机组运行时间平衡控制。该控制系统结合通信系统可使冷水机组实现双向模式楼宇管理系统。

（5）模块化冷水机组　模块化冷水机组是一种新型的制冷装置，它是由多台模块化冷水机单元并联组成的，如图 2-5 所示。模块化系统中有两个完全独立的制冷系统，各自有双速或单速压缩机、蒸发器、冷凝器及控制器。每个模块单元装有两台全封闭式压缩机，压缩机设有弹簧消声防振，在压缩机与单元的固定处有橡胶隔离。电动机绕组的每一圈都有热阻器，以防止过热后单相运行。每个系统都装有高压和低压控制器及压缩机过载保护开关。每个模块单元装有两套冷凝器和蒸发器。冷凝器和蒸发器均采用不锈钢的板式热交换器，表面钎焊成不可拆结构，密封性能好，承压能力高。其污垢系数比壳管式低，通常为 0.088m^2 · ℃/kW，压力降为 38~56kPa，传热系数为壳管式热交换器的 3 倍，尺寸比同等能力的壳管式热交换器小 2/3，重量减轻 1/3。这样在冷凝器中，制冷剂侧的冷凝温度更为接近冷却水出口温度，因而制冷剂液体有较大的过冷度。在蒸发器中，冷水出口温度更加接近蒸发温度。这些特点有效地改善了循环效率，结果使电耗降低，所需的传热面积减小，模块化冷水机组可由多达 13 个单元组合而成，总的制冷量为 1690kW。模块化冷水机组内设有计算机监控系统，控制整个机组，按空调负荷的大小，定期起停各台压缩机或将高速运行变为低速运行，包括每一个独立制冷系统和整机运行。

图 2-5　模块化冷水机组

模块化冷水机组的控制自动化程度高，采用计算机控制系统，具有多种控制功能和保护功能，除了压缩机过热、过载、高低压保护以外，一般采用计算机控制各单元的运行，定期轮换首次起动的压缩机。计算机连续监视进入和流出的冷水温度，根据温度对时间的平均变化率确定所有压缩机中要有多少台投入运行才能够最精确地与负载匹配，对温度实现更精密的控制。机组可自动记录和诊断故障，并记录故障发生的时间与工况。机组配有液晶显示屏，所有操作和信息的存取可通过面板进行。

2.3.2　冷水机组的运行管理

冷水机组的运行管理包括运行前的检查与准备、机组及其水系统的起动与停机操作、运行调节、停机时的维护保养、常见故障与处理等工作内容。

1. 活塞式冷水机组开机前的检查与准备工作

冷水机组因开机前停机的时间长短不同和所处状态不同而有日常开机和年度开机之分，这也决定了日常开机前和年度开机前检查与准备工作的侧重点不同。

（1）日常开机前的检查与准备工作　日常开机指每天开机（如写字楼、大型商场中央空调系统，通常晚上停止运行、早上重新开机）和经常开机（如影剧院、会展场馆的中央空调系统，不一定每天要运行，但运行次数也较频繁）两种情况。

1）检查主电源电压和电流。电源电压在340～440V范围内，三相电压不平衡值小于2%，三相电流不平衡值小于10%。

2）认真检查机组运行记录，了解和分析机组技术状况和故障停机原因。对于存在的故障应及时予以排除。

3）制冷系统制冷剂的量应达到规定的液面要求，若在规定液面以下，则应查出原因，排除泄漏，并适当补充制冷剂到所需液面。

4）每台压缩机油箱中的油位应达到规定的油液面要求。

5）接通压缩机曲轴箱油加热器，对润滑油加热，在起动时保证油温在50～60℃范围内，手摸加热器必须发烫。为了保证机组使用期间油箱中油温恒定，使其不受主机开、停的影响，油箱中油加热器和油温控制器的电源必须从本机组以外的总开关箱专门一路接入。

6）所有手动复位保护装置，如高压保护器、油压差保护器、冷媒水防冻结保护器、外部过负荷保护器等应符合说明书规定的要求，并将冷媒水温度控制器调到需要的工作条件（即设计回水温度）。

7）冷却水泵、冷媒水泵应转动自如，旋转方向应正确，无不正常振动，轴封不漏水。同时，冷却水、冷媒水管道系统应无泄漏，水量应充足，水质应清洁干净。

8）冷冻水供水温度的设定值应合适，不合适可改设。

9）制冷系统和水系统中所有阀门应灵活，应无泄漏或卡死现象，各阀门的开关位置应符合系统使用的要求。

10）打开机组上制冷压缩机吸入阀、排出阀。

完成上述检查与准备工作后，可按冷媒水泵、冷却水泵、冷却水塔风机、制冷压缩机的顺序逐个起动，使机组投入运行。

（2）每日开机前的检查与准备工作　冷水机组因每日作息制度要求或临时维修及其他原因需要短时停机，应认真填写运行记录，是故障原因停机时，应将故障排除后，打开关闭的阀门，才能按动复位按钮，接通电源使机组重新投入运行。

（3）年度开机前的检查与准备工作　年度开机或季节性开机，是指冷水机组停用很长一段时间后重新投入使用，如机组在冬季和初春季节停止使用后，又准备投入运行。

1）新的年度夏季使用冷水机组开机前的准备工作一般可与年度维修保养工作合并进行。

2）润滑油过滤网每年至少清洗一次，润滑油应每年全部换新。

3）蒸发器每年应进行清洁和水质处理。

4）当检修和保养工作完成后，确认一切正常，可参照首次开机运行前的检查和各步骤进行起动操作。

5）若制冷系统中制冷剂偏少，则需要补充。向制冷系统补充制冷剂的工作是在机组运行状态下完成的。制冷剂补给量以规定工况下制冷压缩机吸入压力表指示压力和电流达到机组规定的数值为适合。

6）需要注意的是，活塞式机组正式起动前必须打开吸排气阀门，并接通电加热器对曲轴箱的润滑油预加热 24h 以上。

完成上述各项检查与准备工作后，再接着做好日常开机前的检查与准备工作。当全部检查与准备工作完成后，合上所有的隔离开关即可进入冷水机组的起动操作阶段。

2. 活塞式冷水机组起动

1）确认需要投入运行的活塞式冷水机组已处于完好的准备状态，合上相应的电源闸刀。

2）先起动空气处理设备，然后起动冷却塔风机和冷却水泵，并调节水泵出口阀开启度和冷凝器的供、回水阀的开启度（在标准工况下运行，冷却水出、回水温差以 5℃ 为合适）。一般情况下，冷却水塔（图 2-6）安装在屋顶。它可在机房通过电流表读数来判断其运行情况，但每一工作班至少应到冷却水塔现场巡视一次，检查冷却水塔喷水是否均匀、冷却水塔风机运行是否正常、浮球阀工作是否灵活等。

图 2-6　冷却水塔

3）待冷却水泵起动 15s 后，使冷却水循环建立，起动冷媒水泵，并调节冷媒水泵出口阀开启度和冷凝器、蒸发器的进出口水阀的开启度，使两器的进出口压差均在 0.05Pa 左右。

4）起动制冷压缩机投入运行。

2.3.3　冷水机组的维护保养

1. 机组的故障分析

对冷水机组进行精心维护保养，可以尽量减少故障发生。

为了保证冷水机组安全、高效、经济地长期正常运转，在其使用过程中尽早发现故障的隐患是十分重要的。作为运行操作人员，可以通过“一看、二摸、三听、四想”来达到这个目的。

“一看”：即看冷水机组运行中高低压力值的大小、油压的大小、冷却水和冷冻水进出口水压的高低等参数。这些参数值应以满足设定运行工况要求的参数值为正常，偏离工况要求的参数值为异常，每一个异常的工况参数都可能包含着一定的故障因素。此外，还要注意看冷水机组的一些外观表象，如出现压缩机吸气管结霜（图 2-7）这样的现象，就表示冷水机组制冷量过大，蒸发温度过低，压缩机吸气过热度小，吸气压力低。这对于活塞式冷水机组会引起液击，对于离心式冷水机组则会引起喘振。

“二摸”：即在全面观察各部分运行参数的基础上，进一步体验各部分的温度情况。用手摸冷水机组各部分及管道（包括气管、液管、水管、油管等），感觉制冷压缩机工作温度及振动；冷凝器和蒸发器的进出口温度；管道接头处的油迹及分布情况等。正常情况下，压缩机运转平稳，吸、排气温差大，机体温升不高；蒸发温度低，冷冻水进出口温差大；冷凝温度高，冷却水进出口温差大；各管道接头处无制冷剂泄漏、无油污等。任何与上述情况相反的表现，都意味着相应的部位存在着故障因素。

图 2-7　压缩机吸气管结霜

用手触摸物体测温，虽然只是一种体验性的近似测温方法，但它对于掌握没有设置测量点的部件和管道的温度情况及其变化趋势，并迅速准确地判断故障有着重要的实用价值。

“三听”：即通过对运行中的冷水机组异常声响来分析判断故障发生的性状和位置。除了听冷水机组运行时总的声响要符合正常工作声响规律外，重点要听制冷压缩机、润滑油泵及离心式冷水机组的抽气回收装置的小型压缩机、系统电磁阀、节流阀等设备有无异常声响。例如：运转中听到活塞式或离心式制冷压缩机发出轻微的“嚓、嚓、嚓”声或连续均匀轻微的“嗡、嗡”声，说明制冷压缩机运转正常；如听到的是“咚、咚、咚”声或叶轮时快时慢的旋转声，或者有不正常的振动声音，表明制冷压缩机发生了液击或喘振。

“四想”：即应从有关指示仪表和看、听、摸等方式得到的冷水机组运行的数据和材料进行综合分析，找出故障的基本原因，从而考虑应采取的应急措施，省时、省料、省钱地将故障尽快排除。

（1）活塞式冷水机组的故障分析

1）压缩机不起动。检查电源，使断流保护器复位。检查控制电路，如果接地短路，则应使断流保护器复位。检查冷凝器循环泵，如果泵不运转，首先将泵的电源断开，重新起动；如果仍不运转则需检修泵，查看泵接线；如果接线不正确，则应重新接线，检查泵电动机；如果损坏更换即可。检查接线端子，如有松动紧固即可。检查控制器接线，如果接错，则应重新接线。检查线电压，确定压降位置并纠错。检查压缩机热敏开关，如果开路使之复位，如果损坏更换即可。检查压缩机电动机绕组，如果开路或断路，则应进行检修，否则更换压缩机。检查压缩机，进行检修或更换压缩机。

2）压缩机长时间工作不停机。查看视液镜（图 2-8），若制冷剂不足，充注制冷剂。检查控制器夹紧接触点，如果熔断，则应更换控制器。检查膨胀阀和过滤网，如果堵塞，则应进行清洗或更换。检查低温部分绝热层，如果失效或脱落，则应调换或修补。检查压缩机有关阀片，必要时更换压缩机。估计热负荷，若过大则需再开

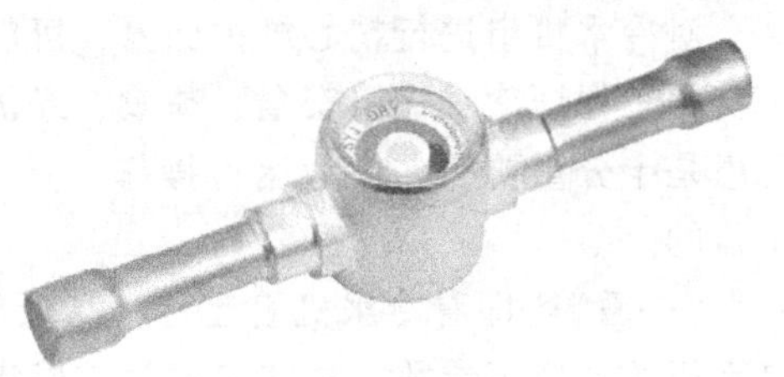

图 2-8　视液镜

启一台冷水机组。

3）压缩机排气压力过高。检查冷凝器进水温度和流量，调整水流调节阀或冷却塔继电器增开冷却塔，清洗管子或再投入一台机组运行。检查系统，如果系统中有空气或其他不凝性气体或制冷剂过量，排放、净化或放出过量制冷剂。

4）压缩机排气压力过低。检查冷凝器进水温度和流量，调整水流调节阀或冷却塔继电器。

5）压缩机吸气压力过低。检查制冷剂，如果有泄漏，则应查出泄漏处，堵漏后充注制冷剂；如果灌量不足，加注制冷剂即可。检查供液电磁阀电气线路，若线路有问题，则应进行维修；若线路正常检查电磁阀（图2-9），若损坏更换同型号电磁阀。检查冷冻水出水温度，如果温度过低，则应提高设定位或加大水流量。检查干燥过滤器和供液截止阀，若堵塞，则应进行清洗或更换。检查热力膨胀阀，若损坏，则应更换。检查压缩机吸气滤阀，若堵塞，则应进行清洗或更换。

图2-9 电磁阀

6）压缩机吸气温度过低。检查热力膨胀阀开启度，调整到合适位置。检查系统内制冷剂，若过多，则应减少到合适量。检查冷冻水出水温度，如果温度过低，则应提高设定位或加大水流量。检查蒸发器内隔离密封垫床，若有漏，则应进行检修或更换。检查油加热器，保证停机时自动进行加热。

7）压缩机吸气温度过高。查看吸气压力，如果压力太低，电动机外壳发热，视液镜内可看到大量气泡，制冷剂液管全部结霜，说明制冷剂不足，加注制冷剂即可。检查热力膨胀阀开度，调整到合适位置。检查冷冻水出水温度，如果温度过高，则应降低设定位或减少水流量。

8）压缩机工作不正常，低压控制开关接通。检查低压控制器，必要时重新调整。检查压缩机吸气截止阀，如果部分闭合则需打开，如果损坏则需换新。检查压缩机吸气过滤网，如果堵塞，则应进行清洗或更换。

9）压缩机停机，高压控制开关接通。检查毛细管和高压控制器，根据需要调整控制器。检查压缩机排气截止阀，如果部分闭合则需打开，如果损坏则需换新。检查系统，如果系统中有其他不凝性气体，排放不凝性气体，清洗冷凝器管子或再投入一台机组运行。检查冷却水泵或风扇，如果不工作，则应重新起动泵、风扇或进行修理或更换。

10）压缩机耗油过多。如果压缩机漏油，则应在泄漏处补漏。检查压缩机吸气截止阀，如果堵塞或黏住，则应进行修理或更换。检查曲轴箱加热器，如果停机时未通电，则调换加热器，检查接线和辅助加热器。

11）压缩机不上载。检查电磁阀阀针，如果黏住，则应进行清洗或更换。检查电磁阀接线，如果接错，则应重新正确接线。检查旁通端口滤网，如果堵塞，则应进行清洗或更换。

12）系统有噪声。检查管道及管接头，确认支撑管道正确，管接头松动应及时紧固。检查液体管路滤网，如果堵塞，则应进行清洗或更换。检查压缩机零件、热力膨胀阀感温包和毛细管，如果损坏，则应进行检修或更换。检查水调节阀，如果振动或锤击，则应清洗水调节阀前面的空气室或更换阀门。

13）吸气管线结霜或凝露。调节膨胀阀。

14）液体管发热。如果制冷剂泄漏，则应修补漏洞，重新充注制冷剂。检查膨胀阀，调节膨胀阀。

15）液体管结霜。检查高压液体截止阀，如果阀门部分闭合或堵塞，则应进行清洗或更换。检查干燥过滤器，若堵塞，则应进行清洗或更换。

（2）螺杆式冷水机组的故障分析

1）压缩机不起动。检查电源，使断流保护器复位。检查控制电路，如果接地短路，则应使断流保护器复位。查看排气压力，若过高，则应打开吸气阀，使高压气体回到低压系统。检查排气止回阀，若泄漏或损坏，则应进行检修或更换。查看能量调节装置，卸载使之恢复零位。查看压缩机内，如有积油或过多液体，则用手盘压缩机联轴器，将机腔内积液排出。检查压缩机和压力继电器，如有部分机械磨损，则应拆卸检修更换。

2）压缩机排气压力过高。检查冷却塔、水过滤器和各种水阀，避免冷凝器进水温度过高或流量不够。排除系统内空气或不凝性气体。清洗铜管，避免冷凝器铜管内结垢严重。检查冷凝器上进气阀，如果未完全打开，则全打开即可。检查调整油压。查看制冷剂流量，若过量，则应排除多余制冷剂。

3）压缩机排气温度或油温过高。降低压缩比或减少负荷。检查油冷却器，清除污垢，降低水温，增加水量。提高蒸发系统液位，提高油压或检查原因。

4）压缩机排气压力过低。检查冷却塔、水过滤器和各种水阀，如果冷凝器流量过高，则应调小阀门；如果冷凝器进水温度过低，则应调节冷却塔风机转速或风机工作台数。检查膨胀阀及其感温包，若损坏，则应进行检修或更换。查看视液镜和制冷剂液管，如果镜内可看到大量气泡，液管全部结霜，说明制冷剂不足，加注制冷剂即可。

5）压缩机吸气压力过高。检查或调整膨胀阀及其感温包。如果制冷剂充灌过量，则应排除多余制冷剂。

6）压缩机吸气压力过低。检查冷凝器制冷剂液体出口阀门，如果未完全打开，则应调节至全开位置。检查过滤器，如果堵塞，则应更换过滤器。检查或调整膨胀阀及其感温包，若损坏，则应进行检修或更换。检查蒸发器进水流量和温度，如果蒸发器流量过低，则应调大阀门；如果蒸发器进水温度过低，则应提高进水温度设定值。

7）压缩机机体温度高。若机体摩擦部分发热，则应迅速停机检查。查看吸入气体温度，若过高，则应降低吸气温度。若压缩比过高，则应降低排气压力或负荷。检查油冷却器，若传热效果差，则应进行清洗。

8）压缩机耗油量多。检查一次油分离器，若油过多，则应放油至规定油位。检查二次油分离器，若有回油，则应检修回油通路。

9）油压低。检查油压调节阀，调节油压调节阀。检查喷油阀，若喷油过大，则应调整喷油，限制喷油量。检查油冷却器，提高冷却能力。检查O形环，若内部泄漏，则应更换O形环。检查油泵，若转子磨损或效率低，则应进行检修或更换油泵。检查油过滤器及管路，若堵塞，则应进行清洗。查看油量和油质，加油或换油。

10）压缩机及油泵油封漏油。运转一段时间，看是否有好转，否则应停机检查。拆卸检查，若装配不良造成偏磨损，则应进行调整；若O形环腐蚀变形，则应进行更换；若密

封面不平，则应进行检修或更换。

11）压缩机能量调节机构不动作或不灵。检修四通阀和控制回路，检查油路或接头进行检修吹洗。检查油活塞，若间隙过大，则应进行修理或更换；若卡住，则应拆卸检修。检查滑阀，若卡住，则应拆卸检修。检查指示器，若定位计故障，则应进行检修或更换；若指针凸轮装配松动，则应紧固。

12）压缩机无故自动停机。检查高压继电器、油压继电器、精滤器压差继电器和油压差继电器，进行调整或检修更换。检查控制电路，检修控制线路元件或更换。

13）压缩机停机时反转不停。检查吸入止回阀，若卡住未关闭，则应进行检修或更换。检查吸入止回阀弹簧，若弹性不足，则应进行检修或更换。

14）机组起动后振动。连续振动，检查机组地脚螺栓，若未紧固，则应塞紧高速垫块，拧紧地脚螺栓。检查压缩机与电动机轴线，若错位偏心，则重新找正联轴器与压缩机同轴度。检查压缩机转子，若不平衡，则应进行调整。若机组与管道的固有振动频率相同而共振，则应改变管道支撑点位置。检查联轴器，若平衡不良，则应进行调整校正平衡。短时间振动然后稳定，停机用手盘车使液体排出；将油泵手动转动一段时间后再起动压缩机。

15）机组运转中有异常响声。检修压缩机及吸气过滤器。检查推力轴承，若有磨损破裂，则应进行更换。检查滑动轴承，若转子与机壳磨损，则应检修或更换滑动轴承。拆开检查运转连接件（如联轴器等），更换键或紧固螺栓。检查油泵，若有气蚀，则应排除气蚀原因。

16）机组制冷量不足。检查油泵、油路，若喷油量不足，则应提高油压。检查指示器指针位置，调整滑阀至合适位置。若吸气阻力过大，则应清洗吸气过滤器。检查机器磨损，若间隙过大，则应进行调整或更换。检修能量调节装置。

（3）离心式冷水机组的故障分析

1）压缩机不起动。检查电源，使断流保护器复位。检查控制电路，如果接地短路，则应使断流保护器复位；若断流保护器熔断，则应进行更换。检查导叶，若不能全关，则将导叶自动/手动切换开关切换至手动位置上，并手动将导叶关闭。检查过载继电器，若动作则按下继电器的复位开关或检查过载继电器的电流设定值。

2）压缩机运转不平稳，出现振动。检查油压，如果过高，则降低油压至给定值。检查轴承，如果间隙过大，则调整间隙或更换轴承。检查防振装置，如果调整不合适，则应调整弹簧或更换。检查密封填料和旋转体，如果接触，则应调整间隙和消除接触。检查增速齿轮，如果有磨损，则应进行修理或更换。检查齿轮联轴器齿面，如果有污垢磨损，则应进行调整清洗或更换。

3）压缩机起动频繁。检查冷水系统水温和水量，调整到正常值。检查冷水温控器，若损坏，则应进行修理或更换。检查水泵和过滤器，若损坏或堵塞，则应进行修理或更换。

4）压缩机喘振。检查冷凝压力，若过高，则开启抽气回收装置排出系统内空气；清除冷凝器铜管壁污垢；检查冷却水过滤器，若堵塞，则应进行清洗或更换；检查冷却塔工作情况，增加冷却水流量。检查蒸发压力，若过低，则应检查制冷剂流量，加注制冷剂；清除蒸发器管子污垢；检查浮球阀，调整开度或更换；检查系统，若有空气，则应打开阀门放出。检查导叶片，调整开度。

5）压缩机排气温度过低。查看蒸发器，若液面太高，吸入液态制冷剂，回收多余制冷剂。

6）蒸发器压力过高。检查浮球阀，进行维修或更换。检查导叶风门，调整开度。

7）油压不正常。油压过低，检查油过滤器，若堵塞，则应进行清洗或更换；检查油压调节阀，若阀不灵，则应进行检修或更换；检查均压管阀，若开度过大，则调小开度；查看油面，若过低，则应补充油至规定液位；检查油泵，进行维修或更换。油压过高，检查油压调节阀，若阀不灵，则应进行检修或更换；检查油压表与轴承，若堵塞，则应拆卸进行清洗。油压波动激烈，检查油压表，若损坏，则应进行维修或更换；检查油压调节阀，若阀不灵，则应进行检修或更换；若油路中有空气或气体制冷剂，则应打开油路中各最高处的管接头放气。

8）轴封漏油，并伴有温度升高现象。检查机械密封，若损坏，则应更换新元件。检查、清洗油路系统。若油压降低，则应调节油压调节阀增加油压。

9）油箱内油温过低。检查油加热器，若接触不良或损坏，则应进行修理或更换；若设定值过低，则应提高设定值。检查感温包，若损坏，则应进行更换。检查均压阀门，重新调整开度或更换。检查油冷却器旁通阀门，重新调整开度或更换。

2. 机组的维护保养

冷水机组是空调系统在进行供冷运行时采用最多的冷源，其机械状态和供冷能力直接影响到空调系统供冷运行的质量，以及电耗和维修费用的开支，因此做好冷水机组的维护保养意义重大。

冷水机组经过一段时间运行后，各运动部件和摩擦件都会出现相应的磨损或疲劳，有的间隔增大，有的丧失工作性能，致使零件表面的几何尺寸与机件间的相对位置发生变化，超过了设备出厂时的要求尺寸和公差配合。因此，冷水机组运转一段时间后，必须进行维护保养，使设备恢复原来的精度和制冷效率，满足空调或冷冻的要求。

冷水机组的维护对机组性能和寿命有很大影响。而空调用冷水机组由于其工作的周期性强，有长短不同的运行间歇时间，因此为做好机组的维护保养工作提供了充分的时间保证。一般情况下，冷水机组的运行间歇可分为日常停机和年度停机，在不同性质的停机期间，维护的范围、内容及深度要求各不相同。冷水机组的维护包括整机维护和停机维护，整机维护内容是相同的，而停机维护内容则因压缩机的不同而不同。

（1）整机维护

1）机房应避免高温，保持干燥。通风良好，并留有排水沟，能及时将积水排走。

2）定期清除机组表面和各暴露管道上的灰尘，便于及时发现泄漏并进行修理。必须特别注意容易锈蚀的部位．必要时涂抹防锈漆加以保护。

3）经常检查机组的紧固件是否松动，若有松动要及时紧固，以避免机组振动引起的噪声和对管道的破坏。

4）经常检查设备的电源线电压和相电压的不平衡是否在规定的范围以内。

5）定期检查电气柜中的紧固件是否松动。特别是电气柜运行一段时间后，电线和电缆的冷热不同最容易引起紧固件的松动，从而影响机组的电气性能，损坏元件。紧固电气接头紧固件时必须切断电源。

6）保持机组的热交换器、低压管道的保温隔热设施的完整性，若发现保温层损坏、脱落，应及时修补，减少机组的不必要的能量消耗。风冷式冷凝器需要定期清除灰尘，外表面可用平钢丝刷刷去灰尘；肋片深处的灰尘用压缩空气吹除；对于油灰难以用压缩空气吹除的，应用碱水浸泡后再用压缩空气吹除干净。水冷式冷凝器必须定期进行除垢，一般视水质情况和垢厚薄 1~3 年进行一次。蒸发器长期停止使用时，可将该设备的制冷剂抽到储液器或冷凝器内保存，使蒸发器的压力保持在 0.05MPa（表压）左右为宜。盐水蒸发器长期停用，如棒冰盐水池，可将盐水放出，用自来水冲洗后，池内充满自来水保存。中央空调冷水机组中的冷媒水，应用经处理的软化水。若用自来水，则形成水垢时的处理方法与壳管卧式冷凝器的处理方法相同。不论哪种形式的蒸发器都应经常或定期除霜，否则不但制冷效果差，而且冰箱层过厚，使管子超负荷而弯曲。

7）定期在设备各阀的阀杆上涂少许润滑脂，在机组的控制柜的开门转轴及门锁上滴几滴润滑油，避免活动部件锈蚀。

8）周期性查看机组的主要温度和压力值，检查机组运行是否正常。对蒸发压力、冷凝压力、吸排气温度、冷却水进出口温度、冷冻水进出口温度、每台压缩机的电流、实际工作电压等进行定时记录。

（2）离心式冷水机组维护　离心式冷水机组因开机前停机的时间长短不同和所处的状态不同而有日常停机维护和年度停机维护之分，这同时也决定了日常停机前和年度停机前的检查与维护工作的侧重点不同。

1）日常停机的检查与维护工作。日常停机指每天停机（如写字楼、大型商场的中央空调系统，通常晚上停止运行、早上重新开机）或经常停机（如影剧院、会展场馆的中央空调系统，不一定每天要运行，但运行的次数也比较频繁）的情况。

离心式冷水机组日常停机的检查与维护工作如下：

① 检查油位。油箱中的油位必须达到或超过低位视镜，油量不足时应及时加入润滑油。

② 检查油加热器是否处于“自动”加热状态，油箱内油温是否控制在规定温度范围，如果达不到要求，则应立即查明原因，进行处理。

③ 检查油泵开关。确认油泵开关是在“自动”位置上。

④ 给导叶控制联动装置轴承、导叶操作轴、球连接和支点加润滑油。

⑤ 检查制冷剂压力。制冷剂的高低压显示值应在正常停机范围内，如果系统内制冷剂不足，则应及时予以补充。

⑥ 检查抽气回收开关。确认抽气回收开关设置在“定时”上。

⑦ 检查各阀门。机组各有关阀门的开、关或阀位应在规定位置，如果不在相应位置，则应予以调整。

⑧ 检查冷冻水供水温度设定值。冷冻水供水温度设定值通常为 7℃，不符合要求可以进行调节，但不是特别需要最好不要随意改变该值。

⑨ 检查电线是否发热，接头是否有松动，如果有异常，则应及时查出原因并进行更换。

⑩ 检查主电动机电流限制设定值，通常主电动机（即压缩机电动机）最大负荷的电流限制应设定在 100%位置，除特殊情况下要求以低百分比电流限制机组运行外，不得任意改变设定值。

⑪ 检查电压和供电状态，三相电压均在 380V±10V 范围内，冷水机组、水泵、冷却塔的电源开关、隔离开关、控制开关均在正常供电状态。如果是因为故障原因而停机维修的，在故障排除后要将因维修需要而关闭的阀门打开。

2）年度停机的检查与维护工作。年度停机或称为季节性停机，是指冷水机组停用很长一段时间后重新投入使用，如机组在冬季和初春季节停止使用后，又准备投入运行。离心式机组年度停机时要做好以下检查与维护工作：

① 清洁控制柜。

② 检查各接线端子并加强紧固。

③ 清理各接触器触点。

④ 紧固各接线点螺钉。

⑤ 对主电动机的相电压进行测定，其相平均不稳定电压应不超过额定电压的 2%。测量主电动机绝缘电阻，检查其是否符合机组规定的数值。

⑥ 检查主电动机旋转方向是否正确，各继电器的整定值是否在说明书规定的范围内。

⑦ 检查电路中的随机熔断管是否完好无损，若有损坏，则应进行更换，检查电源交流电压和直流电压是否正常。

⑧ 校正压力传感器。

⑨ 检查测温探头

⑩ 检查各安全保护装置的整定值是否符合规定要求。

⑪ 清洁浮球阀室内部过滤网及阀体，手动浮球阀各组件，看其动作是否灵活轻巧，检查过滤网和盖板垫片，有破损要更换。

⑫ 手动检查导叶开度是否与控制指示同步，并处于全关闭位置；传动构件连接是否牢固。

⑬ 不论是否已用化学方法清洗，每年都必须采用机械方法清洗一次冷凝器中的水管。

⑭ 由于蒸发器通常是冷冻水闭式循环系统的一部分，一般每三年清洗一次其中的水管即可。

⑮ 更换油过滤芯、油过滤网。

⑯ 根据油质情况，决定是否更换新冷冻油。

⑰ 更换干燥过滤器。

⑱ 对制冷系统进行抽真空、加氮气保压、检漏。

⑲ 停机期间，要求每周一次手动操作油泵运行 10min，要求每两周运行抽气回收装置，防止空气和不凝性气体在机组中聚积。

⑳ 在停机过冬时，如果有可能发生水冻结的情况，则要将冷凝器和蒸发器中的水全部排空。

㉑ 给机组的抽气回收装置换油，清洗其冷凝器。

㉒ 机组需长期停机时，应放空机组内的制冷剂和润滑油，并充注氮气，关闭电源开关和油加热器。

（3）螺杆式冷水机组维护　螺杆式冷水机组日常停机的检查与维护工作因其压缩机类型不同，而部分内容有别于离心式冷水机组，年度停机的检查与维护工作则基本相同。

1）日常停机的检查与维护工作。

① 起动冷冻水泵。

② 把冷水机组的三位开关拨到“等待/复位”的位置，此时，如果冷冻水通过蒸发器的流量符合要求，则冷冻水流量的状态指示灯亮。

③ 确认滑阀控制开关是设在“自动”的位置上。

④ 检查冷冻水供水温度的设定值，如有需要可改变此设定值。

⑤ 检查主电动机电流极限设定值，如有需要可改变此设定值。

2）年度停机的检查与维护工作。螺杆式冷水机组年度停机的检查与维护工作的主要内容与离心式冷水机组相同，可参见离心式冷水机组中的有关部分。需要注意的是：在螺杆式冷水机组运转前必须给油加热器先通电12h，对润滑油进行加热。需要特殊注意的有下面几个方面：

① 对开启式螺杆压缩机而言，检查压缩机机体内表面、滑阀表面、转子外表面及两端有无摩擦痕迹，检查调整转子与排气端面间隙、清洗检查轴封，更换滚动轴承和“O”形环。

② 对开启式螺杆压缩机而言，检查电动机轴承清洗换油，测量绝缘电阻。

③ 对开启式螺杆压缩机而言，检查联轴器的同轴度、轴向圆跳动，更换减振橡胶圈。

④ 对开启式螺杆压缩机而言，检查油冷却器，清洗水垢、检漏，检查油泵，清洗，测量间隙，更换垫片。

⑤ 检查气体过滤器，清洗过滤网。

⑥ 检查能量调节装置，清洗、动作检查。

⑦ 检查压力表、继电器、安全阀、吸排气阀，进行油管吹扫、动作检查和密封试验。

思考与练习

2-1 冷水机组开机前主要应做好哪些方面的检查与准备工作？

2-2 冷水机组的起动顺序是什么？

2-3 冷水机组的维护重点是什么？

第3章　热泵机组

3.1　学习目标

3.1.1　基本目标

1）熟悉热泵机组的分类及组成。

2）掌握热泵机组开停机程序和正常运行的标志。

3）掌握热泵机组的维护保养。

4）熟悉热泵机组的操作。

3.1.2　终极目标

掌握热泵机组的运行维护与故障处理，保证热泵机组正常运行。

3.2　工作任务

根据不同种类的热泵机组，完成机组相关设备的操作，能够排除一般的常见故障，保证机组设备正常运行。

3.3　相关知识

3.3.1　热泵机组简介

热泵机组本质上是消耗能源将热量从低温环境搬运到高温环境。在这个过程中，液体载冷剂中的热量会被机组带走或者加入，使其温度上升或者下降到所需要的温度，最终被输送到需要冷却或者加热的区域。

1. 热泵机组分类

热泵机组根据制冷原理分，主要有蒸汽压缩式热泵机组（图3-1）和吸收式热泵机组（图3-2）。根据不同的使用方式、不同的应用场合，热泵机组又可以按照不同的方式进行分类。

图3-1　蒸汽压缩式热泵机组

图3-2　吸收式热泵机组

（1）根据低位热源不同进行分类　可以分为空气源热泵机组（图3-3）、水源热泵机组（图3-4）、土壤源热泵机组（图3-5）。

（2）根据压缩机类型分类　目前应用较多的有活塞式热泵机组（图3-6）、涡旋式热泵机组（图3-7）、螺杆式热泵机组（图3-8）、离心式热泵机组（图3-9）等。

图3-3　空气源热泵机组

图3-4　水源热泵机组

图3-5　土壤源热泵机组

图3-6　活塞式热泵机组

图3-7　涡旋式热泵机组

图3-8　螺杆式热泵机组

图3-9　离心式热泵机组

2. 热泵机组的组成

(1) 蒸汽压缩式热泵的组成　蒸汽压缩式热泵有单级和多级压缩，这里仅介绍单级蒸汽压缩式热泵的组成。

单级蒸汽压缩制冷系统由制冷压缩机（图 3-10）、冷凝器（图 3-11）、蒸发器（图 3-12）和节流阀（图 3-13）四个基本部件组成。它们之间用管道依次连接，形成一个密闭的系统，制冷剂在系统中不断地循环流动，发生状态变化，与外界进行热量交换。

图 3-10　制冷压缩机

图 3-11　冷凝器

图 3-12　蒸发器

图 3-13　节流阀

液体制冷剂在蒸发器中吸收被冷却的物体热量之后，汽化成低温低压的蒸汽，被压缩机吸入、压缩成高压高温的蒸汽后排入冷凝器，在冷凝器中向冷却介质（水或空气）放热，冷凝为高压液体，经节流阀节流为低压低温的制冷剂，再次进入蒸发器吸热汽化，达到循环制冷的目的。这样，制冷剂在系统中经过蒸发、压缩、冷凝、节流四个基本过程完成一个制冷循环。制冷系统原理如图 3-14 所示。

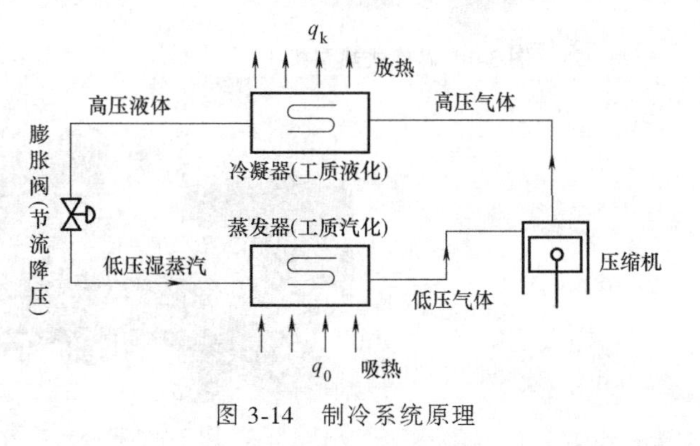

图 3-14　制冷系统原理

在空调制冷系统中，蒸发器、冷凝

器、压缩机和节流阀是制冷系统中必不可少的四大件，其中蒸发器是输送冷量的设备。制冷剂在其中吸收被冷却物体的热量实现制冷。压缩机是心脏，起着吸入、压缩、输送制冷剂蒸汽的作用。冷凝器是放出热量的设备，将蒸发器中吸收的热量连同压缩机功所转化的热量一起传递给冷却介质带走。节流阀对制冷剂起节流降压作用，同时控制和调节流入蒸发器中制冷剂液体的数量，并将系统分为高压侧和低压侧两大部分。制冷方法是通过制冷剂的相变来完成制冷的，即液态—气态—液态。液态变成气态须吸收热量（蒸发器吸收热量），气态要变成液态就必须放出热量（冷凝器放出热量）。用制冷剂的相变及专业设备，即可使外界介质降温或升温。

（2）吸收式热泵的组成　吸收式热泵按用途不同可以分为制冷、热泵、热变换器三类，其中后两者都可以称为吸收式热泵。通常所说的吸收式热泵（Absorption Heat Pumps，AHP）指的是第一类吸收式热泵，利用高温热能驱动，回收低温热量，提高能源利用率；第二类吸收式热泵又称为吸收式热变换器（Absorption Heat Transformer，AHT），AHT 利用中低温废热驱动，将部分废热能量转移到更高温位加以利用。无论是哪一类吸收式热泵，其节能的方法都是充分利用了低级能源，从而减少了高级能源的消耗。因此，利用吸收式热泵回收余热等低级能源，可提高一次能源利用率，同时可以减少因燃料燃烧产生 SO_2、NO_2、烟尘等所造成的环境污染。

吸收式热泵的工作原理（图 3-15）与制冷机相同，都是按照逆卡诺循环工作的，所不同的只是工作温度范围不一样。热泵在工作时，它本身消耗一部分能量，把环境介质中储存的能量加以挖掘，通过传热工质循环系统提高温度进行利用，而整个热泵装置所消耗的功仅为输出功中的一小部分，因此采用热泵技术可以节约大量高品位能源。

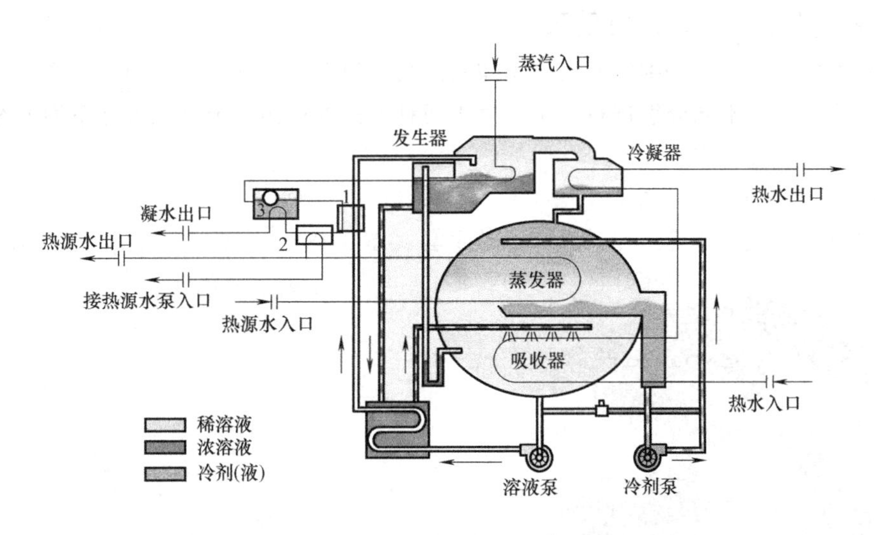

图 3-15　吸收式热泵的工作原理

1—凝水热交换器 1　2—凝水热交换器 2　3—阻气排水阀

吸收式热泵工作过程如图 3-16 所示。当吸收式热泵工作时，发生器中产生的冷剂蒸汽在冷凝器中冷凝成冷剂水，经 U 形管进入蒸发器，在低压下蒸发，产生制冷效应。这些过程与蒸汽压缩式制冷循环在冷凝器、节流阀和蒸发器中所产生的过程完全相同。

发生器中流出的浓溶液降压、降温后进入吸收器，吸收由蒸发器产生的冷剂蒸汽，形成

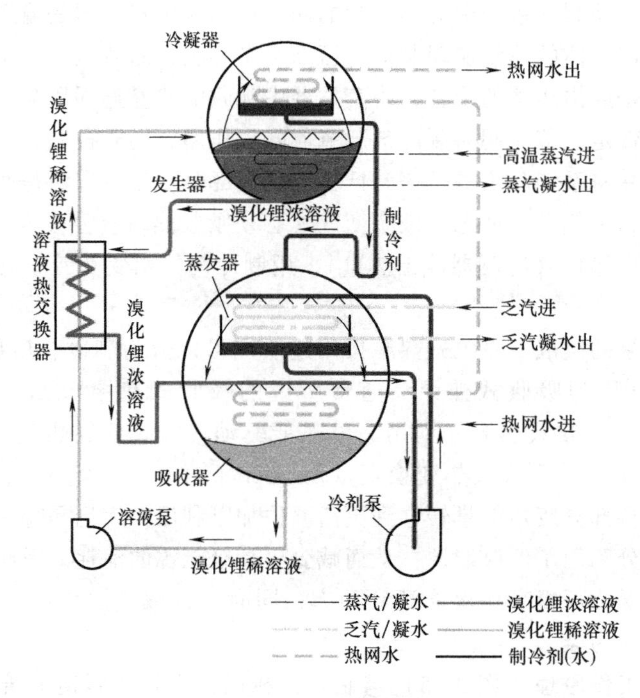

图 3-16 吸收式热泵工作过程

稀溶液，用泵将稀溶液输送至发生器，重新加热，形成浓溶液。这些过程的作用相当于蒸汽压缩式制冷循环中压缩机所起的作用。

3.3.2 热泵机组的运行管理

热泵机组的运行管理分别按照蒸汽压缩式热泵机组和吸收式热泵机组进行介绍。蒸汽压缩式热泵按照压缩机不同分别进行介绍。对于两种形式的机组，要共同遵守下面安全规则并参照执行调试前检查内容。

1）调试安全规则与注意事项。

① 操作前应穿好工作服（图 3-17），戴手套（图 3-18），遵循所有事故预防标准。

图 3-17 工作服

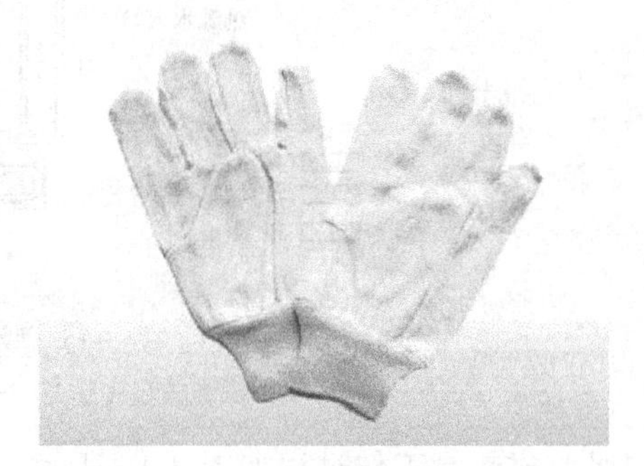

图 3-18 工作手套

② 在操作高压电压部分时，必须有专业人员在场看护。

③ 电气操作时应挂牌警示，避免其他不知情人员误操作。

④ 不要试图带高压电操作，请在接触前断开电源并接地。

⑤ 在拆开主电源接线时，应先断开控制线路，以免继电器动作而导致危险。

⑥ 在切断电源电压之后再对电控箱（图 3-19）进行操作，当主电源接通时，不管其他开关是否闭合，接触器进线侧都是带电的。

⑦ 不可在制冷剂或易燃品附近 15m 内点火，除非是在检查、服务、调节或维修并有专人看护时才可操作。

⑧ 对于使用 R22 制冷剂（图 3-20）的系统在焊接时应特别小心，因为 R22 受热将产生刺激性气味的气体，在焊接时必须要保持良好通风。

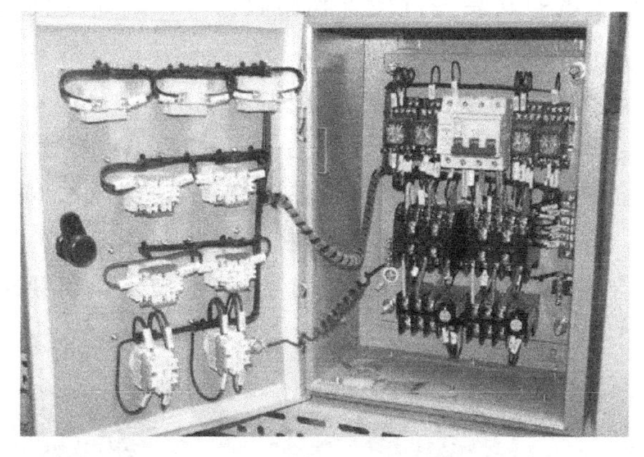

图 3-19　电控箱

图 3-20　R22 制冷剂

⑨ 勿在机组运行时做清洁。

⑩ 在焊接制冷剂系统连接管路后，请按要求做压力试验。

⑪ 机组操作时先确定已经打开所有必须开启的阀门，否则可能造成人身伤害或机组损坏。

⑫ 压缩机应在排气阀全开的状态下才能运转。

⑬ 当发生不正常的工况而手册没有特别说明的，应立即停机。在未检查出发生故障原因前，不得继续开机。

⑭ 任务完成后清理工作现场。

2）调试前检查内容。

① 检查机组安装环境合理性。

② 检查机组安装基础、减振和维修空间适合性。

③ 检查机组空调侧、低位热源侧系统连接，管件连接是否符合要求。

④ 检查机组外部水系统阀门是否已经打开，水质清洁是否符合要求，管路清洗需要用户提供安装方的清洗证明。

⑤ 检查系统其余相关配套设备运行是否正常。

⑥ 若空调系统安装了辅助冷却塔（图 3-21），则须检查冷却塔安装环境是否符合要求。

图 3-21　辅助冷却塔

⑦ 检查机组外部供电、电缆进线、电路连接是否符合要求。

⑧ 检查机组内部电路接线是否可靠。

3.3.2.1 蒸汽压缩式热泵机组开机程序

蒸汽压缩式热泵机组开机操作程序均包括试车、检查与准备、系统开启部分，不同压缩机的热泵略有不同。下面介绍三种不同压缩机热泵的开机程序。

1. 活塞式热泵机组开机程序

(1) 试车准备 包括技术资料准备、电气准备、材料准备、压缩机的安全保护设定检查、人员准备等。

1）技术资料准备。应根据施工图对热泵机组的安装进行检查和验收，并认真研究使用说明书和随机的技术资料，依据制冷压缩机使用说明书提供的调试要求和各种技术参数对压缩机进行调试。准备好试车记录本，在试车过程中做好试车记录，作为技术档案保存。

2）电气准备。在试车时，机组应有独立的供电系统，电源应为380V、50Hz交流电，电压要稳定。在电网电压变化较大时，应配备独立的电压调节器（图3-22），使电压的偏差值不超过额定值的±10%。接入的试车电源，应配备电源总开关及熔断器，并配置三相电压表和电流表。试车用的电缆配线（图3-23）容量应按实际用电量的3~4倍考虑。设备要求接地可靠，接地应采用多股铜线，以确保人身安全。

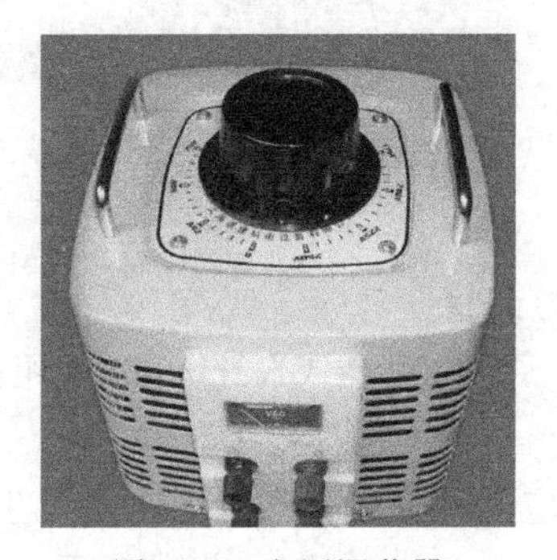

图3-22 电压调节器

图3-23 电缆配线

3）材料准备。制冷压缩机调试前要将制冷系统所需的材料准备就绪，以保证试车工作的正常进行。当制冷系统的冷凝器采用循环冷却水冷却时，应预先对循环水池注水，冷却水泵（图3-24）和冷却塔应可正常运转。准备好制冷压缩机使用说明书规定的润滑油和清洗用的煤油、汽油。准备好制冷压缩机进行负荷试运行时所需充注的制冷工质以及其他工具和物品。

4）压缩机的安全保护设定检查。试车前要对制冷压缩机的自控元器件和安全保护装置进行检查，要根据使用说明书上提供的调定参照值对元器件进行校验。制冷压缩机安全保护装置的调定值在出厂前已调好，不得随意调整。自控元器件的调定值如需更改，必须符合制冷工艺和安全生产的要求。

5）人员准备。制冷压缩机以及制冷系统的调试必须由专业技术人员主持进行。调试人员也需经有关技术单位或技术部门培训后方可参加调试工作。有条件的，在制冷压缩机调试时，请制冷压缩机

图3-24 冷却水泵

生产厂家的专业技术人员参加调试。

(2) 试运行　开启式压缩机（图3-25）出厂试验记录中若没有无负荷试运行、空气负荷试运行和抽真空试验，均应在试运行时进行，且试运行前应符合下列要求。

图3-25　开启式压缩机

1）气缸盖、吸排气阀及曲轴箱盖等应拆下检查，其内部的清洁及固定情况应良好；气缸内壁面应加少量冷冻机油，然后装上气缸盖；盘动压缩机数转，各运动部件应转动灵活，无过紧及卡阻现象。

2）加入曲轴箱冷冻机油的规格及油面高度，应符合设备技术文件的规定。

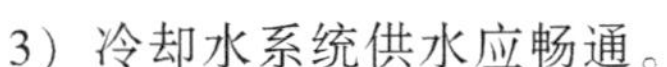

3）冷却水系统供水应畅通。

4）安全阀应经校验、整定，其动作应灵敏、可靠。

5）压力、温度、压差等继电器（图3-26）的调定值应符合设备技术文件的规定。

6）点动电动机（图3-27）进行检查，其转向应正确（半封闭压缩机可不检查此项）。

图3-26　继电器

图3-27　电动机

试运行分为无负荷试运行和空气负荷试运行。

1）无负荷试运行。无负荷试运行是不带阀的试运行，即试运行时不装吸、排气阀和气缸盖。

无负荷试运行的目的为：

① 观察润滑系统的供油情况，检查各运动部件的润滑是否正常。

② 观察机器运转是否平稳，有无异常响声和剧烈振动。

③ 检查除吸、排气阀之外的各运动部件的装配质量，如活塞环（图3-28）与气缸套（图3-29）、连杆（图3-30）小头与活塞销（图3-31）、曲轴颈（图3-32）与主轴承、连杆大头与曲柄销（图3-33）等的装配间隙是否合理。

④ 检查主轴承、轴封等部位的温升情况。

⑤ 对各摩擦部件的接触面进行磨合。

图 3-28 活塞环

图 3-29 气缸套

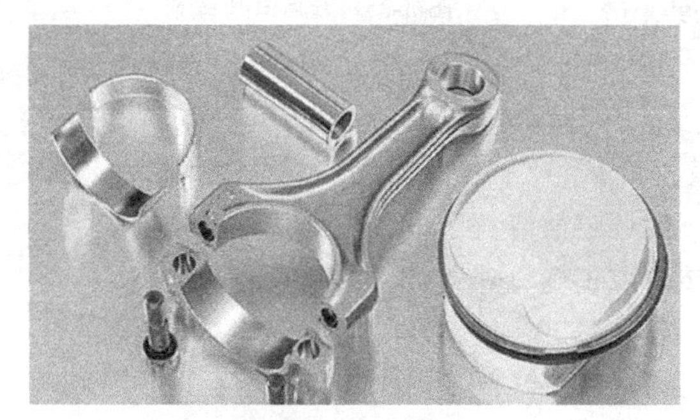
图 3-30 连杆

图 3-31 活塞销

图 3-32 曲轴颈

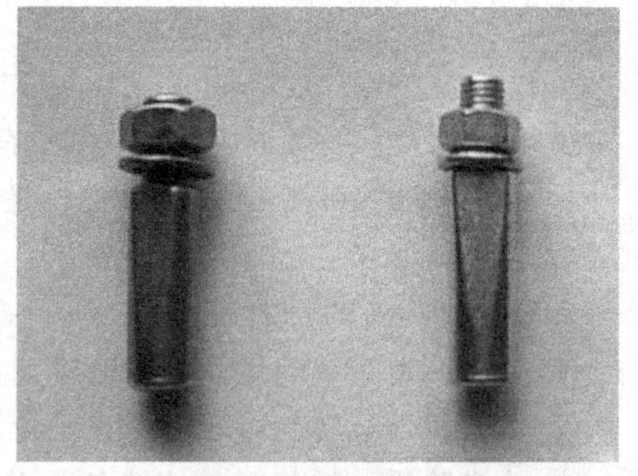
图 3-33 曲柄销

无负荷试运行的步骤：

① 在无负荷试运行前，要将压缩机的气缸盖拆除，取出假盖弹簧（图 3-34）和排气阀（图 3-35）。在系列压缩机中有些产品（如 12.5 系列）的气缸套和机体之间无连接螺栓，而是依靠假盖弹簧压紧的。为避免无负荷试运行时气缸套被拉出机体造成事故，必须用专用夹具把气缸套压紧。此专用夹具比较简单，安装时直接用气缸盖上的螺栓紧固即可，但要注意不要碰坏气缸套上的阀片密封线，也不要影响吸气阀片顶杆的升降（卸载机构）。

② 向每个气缸内的活塞顶部注入适量的冷冻机油（图 3-36），开启式压缩机可用手盘动联轴器或带轮数转，使冷冻机油在气缸壁上分布均匀。用干净的白布包住气缸口，以防试车时灰尘进入气缸。

图 3-34　假盖弹簧

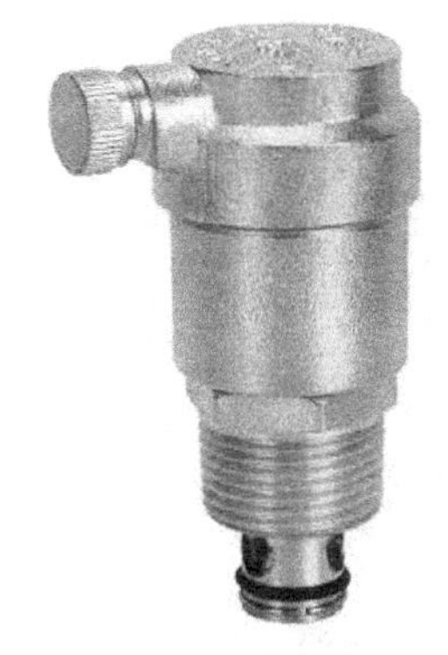

图 3-35　排气阀

③ 首次起动压缩机时，应采用点动，合闸后马上断开，如此进行 2~3 次，以观察压缩机运转情况，如旋转方向是否正确、有无异常声响、油压能否建立起来等。

④ 点动后如果情况正常，起动压缩机并运转 10min，停车后检查各部位的润滑和温升，无异常后应继续运转 1h。

⑤ 做好试运行记录，整理存档。

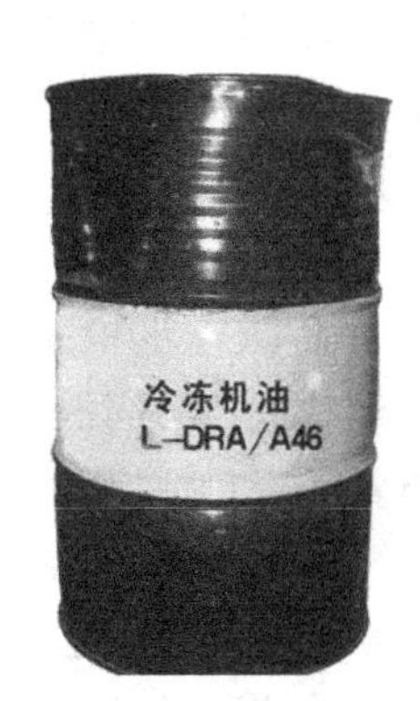

图 3-36　冷冻机油

无负荷试运行应符合的要求：

① 电流表（图 3-37）与油压表（图 3-38）的读数应稳定。

② 运转应平稳，无异常声响和剧烈振动。

③ 主轴承外侧面和轴封外侧面的温度应正常。

④ 油泵（图 3-39）供油应正常。

⑤ 油封处不应有油的滴漏现象。

⑥ 停机后，气缸（图 3-40）内壁面应无异常的磨损。

图 3-37　电流表

图 3-38　油压表

在压缩机进行无负荷试运行时需注意：合闸时，操作人员不要站在气缸套处，防止气缸套或活塞销螺母飞出伤人；合闸时，操作人员不能离开电闸（图 3-41），当机器运转声音不正常、油压不能建立及发生意外故障时可及时停车，防止压缩机的损坏和事故的发生。试车过程中，如声音或油压不正常，应立即停车，检查原因，排除故障后，再重新起动。

图 3-39 油泵

图 3-40 气缸

2）空气负荷试运行。压缩机空气负荷试运行是带阀的试运行，在无负荷试运行合格后方可进行。

空气负荷试运行的目的：

① 进一步检查压缩机在带负荷运转时各运动部件的润滑和温升情况，以检查装配质量和密封性能。

② 使压缩机在较低的负荷下继续磨合。

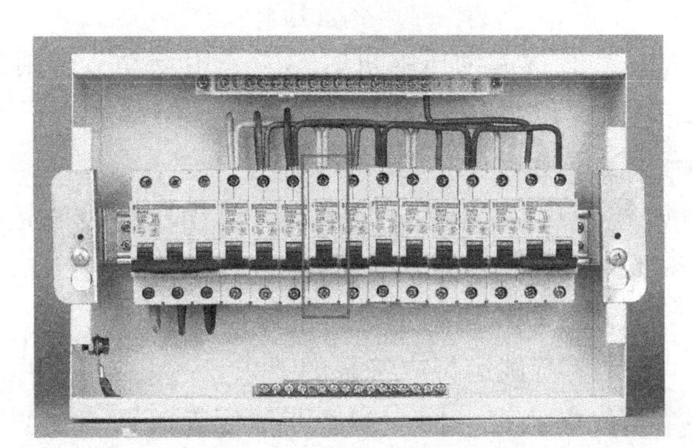

图 3-41 电闸

空气负荷试运行的步骤：

① 拆除气缸套夹具，将清洗干净的排气阀组按原来位置装好，盖好气缸盖，旋紧气缸盖螺栓（图 3-42）。吸、排气阀组安装固定后，应调整活塞的止点间隙，并应符合设备技术文件的规定。

② 松开压缩机吸气过滤器的法兰螺栓（图 3-43），留出缝隙，外面包上浸油的洁净纱布，对进入气缸和曲轴箱内的空气进行过滤。拆下压缩机上的放空阀（图 3-44），以便空气向外排放。

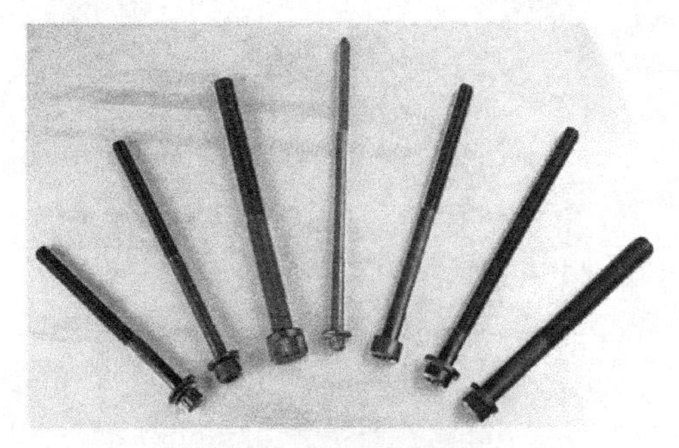

图 3-42 气缸盖螺栓

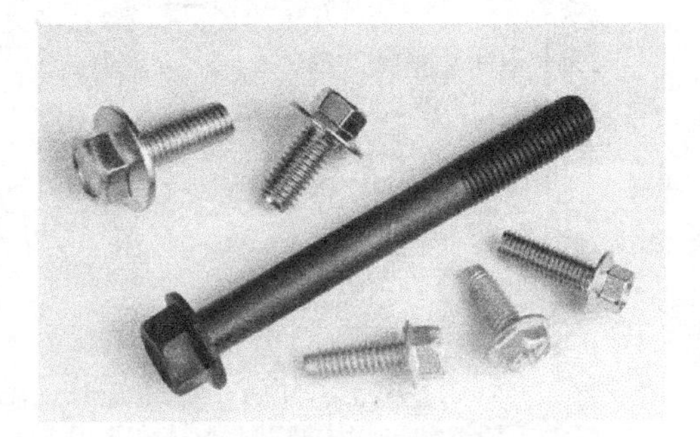

图 3-43 法兰螺栓

③ 接好压缩机冷却水管并供水；检查压缩机曲轴箱油面是否在规定范围内，不足时应补充加入；将油分配阀手柄扳至 0 位或最小负荷一档。

④ 参照无负荷试运行的操作步骤，起动压缩机使其正常运转，经检查无异常现象时，扳动油分配阀手柄，使压缩机逐渐加载，直至全部气缸投入工作。在试运行过程中，当吸气压力为大气压力时，其排气压力，对于有水冷却的应为 0.2MPa（表压），对于无水冷却的

应为0.1MPa（表压），并应连续运转且不得少于1h。

⑤ 做好试运行记录，整理存档。

空气负荷试运行应符合的要求：

① 油压调节阀的操作应灵活，调节的油压宜比吸气压力高0.15~0.30MPa。

② 能量调节装置的操作应灵活、正确。

③ 压缩机各部位的允许温升应符合表3-1的规定。

④ 气缸套的冷却水进口温度不应大于35℃，出口温度不应大于45℃。

图3-44　放空阀

⑤ 运转应平稳，无异常声响和振动。

⑥ 吸、排气阀的阀片起落、跳动声响应正常。

⑦ 各连接部位、轴封、填料、气缸盖和阀件应无漏气、漏油、漏水现象。

⑧ 空气负荷试运行合格后，应拆洗空气过滤器和油过滤器，并更换冷冻机油。压缩机试运行之后，再对制冷系统进行吹污、气密性试验、抽真空、充灌制冷剂及制冷系统带负荷试运行。

表3-1　压缩机各部位的允许温升值　　（单位：℃）

<table>
<tr><th>检查部位</th><th>有水冷却</th><th>无水冷却</th></tr>
<tr><td>主轴承外侧面</td><td rowspan="3">≤40</td><td rowspan="3">≤60</td></tr>
<tr><td>轴封外侧面</td></tr>
<tr><td>润滑油</td></tr>
</table>

2. 螺杆式热泵机组开机程序

（1）试车准备

1）由于螺杆式制冷机组属于中、大型制冷机，所以在调试中需要设计、安装、使用三方面人员密切配合。为了保证调试工作顺利进行，有必要由有关方面的人员组成临时的试运行小组，全面指挥调试工作的进行。

2）负责调试的人员应全面熟悉机组设备的构造和性能，熟悉制冷机安全技术，明确调试的方法、步骤和应达到的技术要求，制订出详细、具体的调试计划，并使各岗位的调试人员明确自己的任务和要求。

3）检查机组的安装是否符合技术要求，机组的地基是否符合要求，连接管路的尺寸、规格、材质是否符合设计要求。

4）机组的供电系统全部安装完毕并通过调试。

5）单独对冷媒水和冷却水系统进行通水试验，冲洗掉水路系统中的污物，水泵（图3-45）应正常工作，循环水量应符合工况的要求。

6）清理调试的环境场地，达到清洁、明亮、畅通。

7）准备好调试所需的各种通用工具和专用工具。

8）准备好调试所需的各种压力、温度、流量、质量、时间等测量仪器仪表。

9）准备好调试运行时必需的安全保护设备。

（2）试运行　做完调试前的准备工作之后，再进行系统的试运行操作。空调系统试运行特别是要求较高的恒温系统的试验调整，是一项综合性强的技术工作，要与建设单位有关部门（如生产工艺、动力部）加强联系，密切配合，而且要与电气调试人员、钳工、通风工、管工等有关人员协同工作。试运行操作流程如图 3-46 所示。

图 3-45　水泵

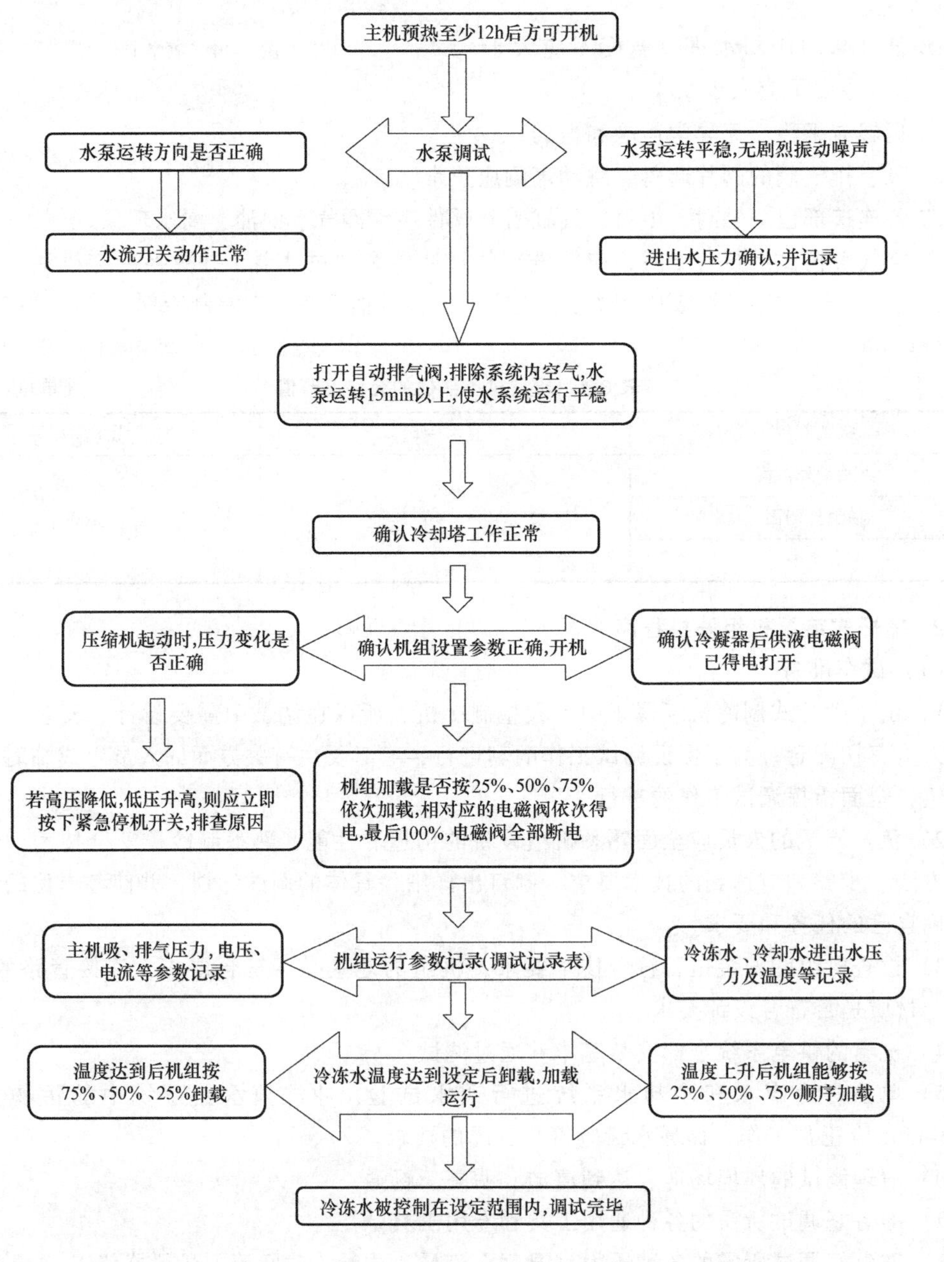

图 3-46　试运行操作流程

3. 离心式热泵机组开机程序

离心式热泵机组也属于蒸汽压缩式热泵机组中的一种。其主机为离心式压缩机，属于速度型压缩机，是一种叶轮旋转式的机械。目前，制冷量在 350kW 以上的大、中型中央空调系统中，离心式热泵机组是首选设备。与活塞式热泵机组相比，离心式热泵机组有以下优点：

1）制冷量大，最大可达 28000kW。

2）结构紧凑、重量轻、尺寸小，因而占地面积小，在相同的制冷工况及制冷量下，活塞式热泵机组比离心式热泵机组重 5~8 倍，占地面积多 1 倍左右。

3）结构简单、零部件少、制造工艺简单。没有活塞式热泵机组中复杂的曲柄连杆机构，以及气阀、填料、活塞环等易损部件，因而工作可靠，操作方便，维护费用低，仅为活塞式热泵机组的 1/5。

4）运转平衡、噪声低、制冷剂无污染。运转时，制冷剂中不混有润滑油，因此，蒸发器、冷凝器的传热性能不受影响。

5）容易实现多级压缩和节流，操作运行可达到同一热泵机组多种蒸发温度。

离心式热泵机组安装完毕后，在正式运转操作前，必须对机组进行试运行。通过试运行，来检查机组的装配质量、密封性能、电动机转向以及机组运转是否平稳，有无异常响声和剧烈振动等现象，从而确保机组的正常操作运转。

（1）试车准备

1）准备好所需的工作资料。

① 合适的温度表及压力表（图 3-47 和图 3-48，产品资料提供）。

图 3-47　温度表

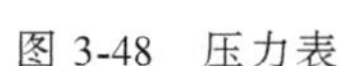

图 3-48　压力表

② 机组合格证、质量保证书、压力容器证明等。

③ 起动装置及线路图。

④ 特殊控制或配制的图表和说明。

⑤ 产品安装说明书、使用说明书。

2）准备好所需的工具。

① 包括真空泵（图 3-49）或泵出设备的制冷常用工具。

② 数字型电压/欧姆表（DVM）。

③ 钳型电流表。

④ 电子检漏仪。

⑤ 500V 绝缘测试仪。

3）机组密封性检测。

4）机组真空试验。

5）机组去湿。

图 3-49　真空泵

6）检查水管。参考安装说明书中的管路结构及设计资料进行以下检查。

① 检查蒸发器和冷凝器管路，确保流动方向正确及所有管路已满足技术要求。

② 检查水系统上各阀门状态是否处于全开。

③ 检查室外冷却塔是否能正常工作。

④ 检查水质情况。水质必须符合设计要求，水应经过处理且清洁，能确保机组正常运行。

7）检查安全阀管。建议参照“机械制冷安全规范”及当地的安全法规，将安全阀管接至户外。安全阀在机组中的位置如图 3-50 所示。

8）检查接线。

① 检查接线是否符合接线图和各有关电气规范。

② 对低压（600V 以下）压缩机，把电压表接到压缩机起动柜两端的电源线，测量电压。将电压读数与起动柜铭牌上的电压额定值进行比较。

③ 将起动柜铭牌上的电流额定值与压缩机铭牌上的值进行比较，过载动作电流必须在额定负载电流 108%～120% 范围内。

④ 检查接至油泵接触器、压缩机起动柜和润滑系统动力箱的电压，并与铭牌上的值进行比较。

⑤ 明确油泵、电源箱和泵出系统都已配备熔断开关或断路器（图 3-51）。

⑥ 检查所有的电子设备和控制器是否都按照接线图以及有关电气规范接地。

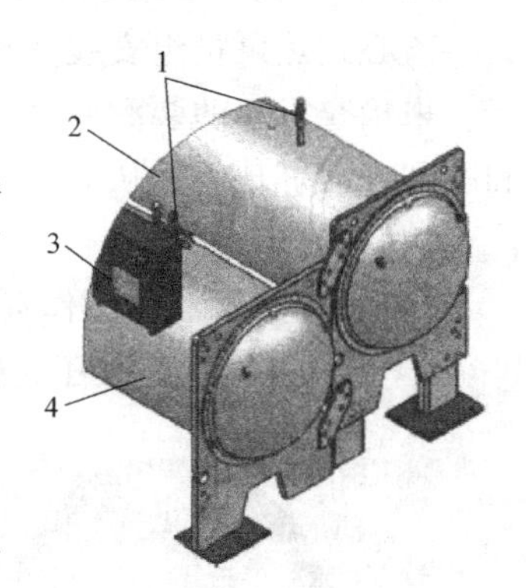

图 3-50　安全阀位置

1—安全阀　2—冷凝器　3—微型计算机控制箱　4—蒸发器

⑦ 检查水泵、冷却塔风机（图 3-52）和有关的辅助设备运行是否正常，包括电动机的润滑，电源及旋转方向是否正确。

图 3-51　断路器

图 3-52　冷却塔风机

⑧ 对于现场安装的起动柜，用500V 绝缘测试仪（如兆欧表，图3-53）测试机组压缩机电动机及其电源导线的绝缘电阻。如果现场安装的起动柜读数不符合要求，拆除电源导线，在电动机端子处重新测试电动机。如果现场安装的起动柜读数符合要求，则表明电源导线有故障。

9）检查起动柜。

机械类起动柜：

① 检查现场接线线头是否接紧，活动零件的间隙和连接是否正确。

② 检查接触是否能够移动自如；检查接触器之间的机械联锁装置；检查其他所有的机电装置，如继电器、计时器等，检查它们是否能够移动自如。

③ 重新接上起动柜控制电源，检查电气功能。定时器整定之后，检查起动柜。

固态起动柜：

① 确保所有接线均已正确接至起动柜。

② 确认起动柜的接地线已正确安装，并且线径足够。

③ 确认电动机的接地线已正确接至起动柜。

④ 确保所有的继电器均已可靠安装于插座中。

⑤ 确认所有的交流电均已按说明书接至起动柜。

⑥ 给起动柜通电。

10）机组油充注。加油和放油必须在机组停机时进行，出厂时油位及油充注阀如图3-54、图3-55所示。

图3-53　兆欧表

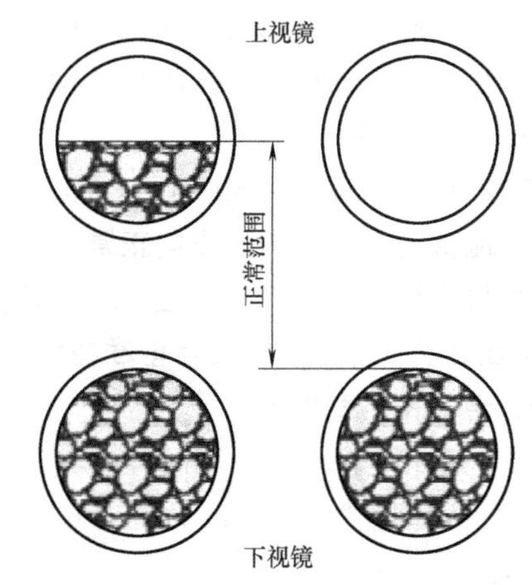

图3-54　出厂时油位示意图

11）给控制系统通电并检查油加热器。在给控制系统通电以前，要确保能看到油位。给控制系统通电，可使油加热器上电，这要在机组起动前几小时进行，以减少跑油，可通过控制润滑动力箱内的接触器对油加热器进行控制。

（2）试运行

1）离心式热泵机组的空气负荷试运行。离心式热泵机组空气负荷试运行的目的在于检查电动机的转向和各附件的动作是否正确，以及机组的机械运转是否良好。离心式热泵机组的空气负荷试运行应符合下列要求：

① 关闭压缩机吸气口的导向叶片，拆除浮球室盖板和蒸发器上的视孔法兰，使压缩机

吸、排气口与大气相通。

② 开启水泵，使冷却水系统正常工作。

③ 开启油泵并调节润滑系统，保证正常供油。

④ 点动电动机进行检查，其转向应正确，转动应无阻滞现象。

⑤ 起动压缩机，当机组的电动机为通水冷却时，其连续运转时间不应小于0.5h；当机组的电动机为通氟冷却时，其连续运转时间不应大于10min；同时应检查油温、油压和轴承部位的温升，机器的声响和振动均应正常。

⑥ 导向叶片的开度应进行调节试验；导向叶片的启闭应灵活、可靠；当导向叶片的开度大于40%时，试验运转时间宜缩短。

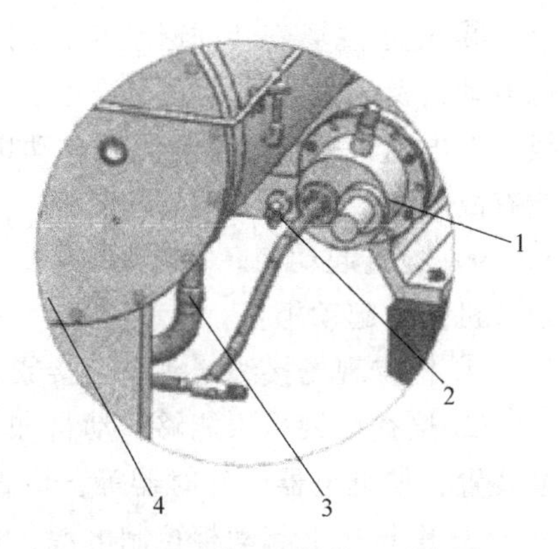

图3-55　油充注阀位置示意图
1—油泵　2—油充注阀　3—电动机回气管路　4—电动机

2）离心式热泵机组的负荷试运行。离心式热泵机组负荷试运行的目的在于检查机组在制冷工况下机械运转是否良好。离心式热泵机组的负荷试运行应符合下列要求：

① 接通油箱电加热器，应将油加热至50~55℃。

② 按要求供给冷却水和载冷剂。

③ 起动油泵、调节润滑系统，其供油应正常。

④ 按设备技术文件的规定起动抽气回收装置，排除系统中的空气。

⑤ 起动压缩机时应逐步开启导向叶片，并应快速通过喘振区，使压缩机正常工作。

⑥ 检查机组的声响、振动和轴承部位的温升应正常；当机器发生喘振时，应立即采取措施予以消除故障或停机。

⑦ 油箱的油温宜为50~65℃，油冷却器出口的油温宜为35~55℃。

⑧ 能量调节机构的工作应正常。

⑨ 机组载冷剂出口处的温度及流量应符合设备技术文件的规定。

3.3.2.2　开机前的检查与准备

1. 活塞式热泵机组

（1）正常运行参数　不同机组其正常运行的参数也各有不同，与采用制冷剂的种类和冷凝器的冷却形式有关。以下给出开利30HK/HR型活塞式热泵机组正常运行的主要参数，见表3-2。

表3-2　开利30HK/HR型活塞式热泵机组正常运行的主要参数（R22）

运行参数	正常范围	运行参数	正常范围
蒸发压力/MPa	0.40~0.55	冷却水温度/℃	4~5
吸气温度	蒸发温度+5~10℃	油温	低于74℃
冷凝压力/MPa	1.7~1.8	油压差/MPa	0.05~0.08
排气温度/℃	110~135	电动机外壳温度	低于51℃
冷却水压差/MPa	0.05~0.10		

（2）运行中的记录操作　运行记录是机组的重要参考资料，通过它可以全面掌握机组

正常运转状态。当操作人员准确地记录下表中的数据后，就可以用它来对热泵机组的运行特性及其发展趋势进行判断。例如，如果操作人员发现冷凝压力在一个月内有不断增加的趋势，则需对机组进行系统的检查，找出可能引起这一情况的原因。

（3）运行负荷调节　活塞式热泵压缩机调节的方法主要有顶开吸气阀片调节、旁通调节、关闭吸气通道调节、变速调节。对于多台压缩机并联运行时，可通过减少压缩机运行台数来达到变工况调节。顶开吸气阀片调节是指采用专门的调节机构将压缩机的吸气阀阀片强制顶离阀座，使吸气阀在压缩机工作全过程中始终处于开启状态，可以灵活地实现上载或卸载，使压缩机的制冷量增加或减少，实现从无负荷到全负荷之间的分段调节。如对八缸压缩机，可实现0、25%、50%、75%、100%五种负荷；对六缸压缩机，可实现0、1/3、2/3和全负荷四种负荷。

（4）日常开机前的检查与准备

1）起动冷冻水泵。

2）把热泵机组的三位开关拨到“等待/复位”的位置，此时，如果冷冻水通过蒸发器的流量符合要求，则冷冻水流量的状态指示灯亮。

3）确认滑阀控制开关是设在“自动”的位置上。

4）检查冷冻水供水温度的设定值，如有需要可改变此设定值。

5）检查主电动机电流极限设定值，如有需要可改变此设定值。

（5）季节性开机前的检查与准备

1）在螺杆式机组运转前必须给油加热器先通电12h，对润滑油进行加热。

2）在起动前先要完成两个水系统的起动，即冷冻水系统和冷却水系统，其起动顺序一般为：空气处理装置→冷冻水泵→冷却塔→冷却水泵。两个水系统起动完成，水循环建立以后经再次检查，设备与管道等无异常情况后即可进入热泵机组（或称主机）的起动阶段，以此来保证热泵机组起动时，其部件不会因缺水或少水而损坏。

（6）系统的起动　在做好了前述起动前的各项检查与准备工作后，接着将机组的三位开关从“等待/复位”调节到“自动/遥控”或“自动/就地”的位置，机组的微处理器便会依次自动进行以下两项检查，并决定机组是否起动。

1）检查压缩机电动机的绕组温度。如果绕组温度小于74℃，则延时2min；如果绕组温度大于或等于74℃，则延时5 min，进行下一项检查。

2）检查蒸发器的出水温度。将此温度与冷冻水供水温度的设定值进行比较，如果两值的差小于设定的起动值差，说明不需要制冷，即机组不需要起动；如果大于起动值差，则机组进入预备起动状态，制冷需求指示灯亮。当机组处于起动状态后，微处理器马上发出一个信号起动冷却水泵，在3min内如果证实冷却水循环已经建立，微处理器又会发出一个信号至起动器屏去起动压缩机电动机，并断开主电磁阀（图3-56），使润滑油流至加载电磁阀、卸载电磁阀以及轴承润滑油系统。在15~45s内，润滑油流量建立，则压缩机电动机开始起动。压缩机电动机的起动转换必须在2.5s之内完成，否则机组起动失败。如果压缩机电动机成功起动并加载，运转状态指示灯会亮起来。机组运行后确认压缩机无异常振动或噪声，如有任何异常请立即停机检查。机组正常运行后用钳型表检测各项运行电流是否符合机组额定要求。

2. 螺杆式热泵机组

（1）运行中的记录操作　运行参数要作为原始数据记录在案，以便与正常运行参数进行比较，借以判断机组的工作状态。当运行参数不在正常范围内时，就要及时进行调整，找出异常的原因予以解决。

图 3-56　电磁阀

（2）制冷量调节　螺杆式热泵压缩机制冷量调节的方法主要有吸入节流调节、滑阀调节、塞柱阀调节、变频调节、转停调节等。目前使用较多的为滑阀调节、塞柱阀调节和变频调节。滑阀调节方法是在螺杆式热泵压缩机的机体上，装一个调节滑阀，成为压缩机机体的一部分。它位于机体高压侧两内圆的交点处，且能在与气缸轴线平行的方向上来回滑动，如图 3-57 所示。

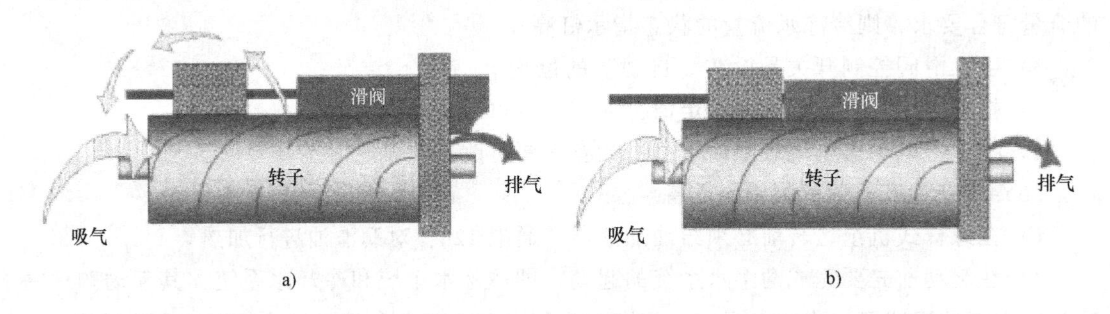

图 3-57　滑阀调节示意

a）打开滑阀（加载部分负载）　b）关闭滑阀（满载）

随着滑阀向排气端移动，输气量继续降低。当滑阀向排气端移动至理论极限位置时，即当基元容积的齿面接触线刚刚通过回流孔，将要进行压缩，该基元容积的压缩腔已与排气孔口连通，使压缩机不能进行内压缩，此时压缩机处于全卸载状态。如果滑阀越过这一理论极限位置，则排气端座上的轴向排气孔口与基元容积连通，使排气腔中的高压气体倒流。为了防止这种现象发生，实际上常把这一极限位置设置在输气量 10% 的位置上。因此，螺杆式热泵压缩机的制冷量调节范围一般为 10%～100% 内的无级调节。调节过程中，功率与输气量在 50% 以上负荷运行时几乎是成正比例关系，但在 50% 以下时，性能系数则相应会大幅度下降，显得经济性较差。

滑阀在压缩机内左右移动或定于某一位置都由加载电磁阀和卸载电磁阀控制油流进或流出油缸来实现，而电磁阀的动作信号则由机组微处理器根据冷冻水的出水温度情况发出，从而达到自动调节机组制冷量的目的。

（3）系统的停机

1）日常停机。

① 按“OFF”或“0”按钮停止机组运行。机组将首先进行卸载，卸载后停转压缩机，紧接着让油加热器通电。停机时，压缩机以 25% 的能量运行 30s 后停机，延时 1min 停冷却水泵，再延时 2min 停冷冻水泵。如果按下紧急停机键，机组将立即停转压缩机而不顾当前

的负荷状态，平时不要轻易使用。

② 如果冷冻水泵和冷却水泵没有与机组电控柜联锁，压缩机停止后一定时间手动关闭冷冻水泵和冷却水泵。

2）季节性停机。

① 在水泵停转后关闭靠近机组的水系统截止阀。

② 关闭压缩机吸、排气截止阀。

③ 打开水系统上的放水、放气阀门，放尽水系统中的水。为防止水系统管道因空气而锈蚀，在某些管道段冲入稍高于大气压的氮气驱除空气后旋紧放水、放气阀门以防锈。

④ 保养机组及系统。

3. 离心式热泵机组

（1）正常运行参数 由于离心式热泵机组有一、二、三级压缩之分，使用的制冷剂也不同，其正常运行的参数也各有不同。以下给出开利19XL型和约克YK型单级压缩式热泵机组的正常运行参数以供比较，分别见表3-3和表3-4。

表3-3 开利19XL型单级压缩式热泵机组的正常运行参数（R22）

运行参数	正常范围	运行参数	正常范围
蒸发压力/MPa	0.41~0.55	油温/℃	43~74
冷凝压力/MPa	0.65~1.45	油压差/MPa	0.10

表3-4 约克YK型单级压缩式热泵机组的正常运行参数（R134a）

运行参数	正常范围	运行参数	正常范围
蒸发压力/MPa	0.19~0.39	油温/℃	22~76
冷凝压力/MPa	0.65~1.10	油压差/MPa	0.17~0.41

（2）运行中的记录操作 做离心式热泵机组运行记录。

（3）制冷量调节 离心式热泵压缩机制冷量调节的方法主要有进气节流调节、进口导流叶片调节、改变压缩机转速调节等。目前大多采用进口导流叶片调节法，即在叶轮进口前装有可转动的进口导流叶片，导流叶片转动时，使进入叶轮的气流方向改变，从而改变了压缩机的运行特性曲线，也就是调节了制冷量。这种调节方法被广泛应用在单级或双级的离心式热泵机组的能量调节上。如特灵CVHE型机组的调节范围为20%~100%，开利19XL型机组的调节范围为40%~100%，有的单级热泵机组的能量可减少到10%。当空调冷负荷减小时，蒸发器的冷冻水回水温度下降，导致蒸发器的冷冻水出水温度相应降低，当温度低于设定值时，感应调节系统会自动关小压缩机进口导叶的开度来进行减载，使机组的制冷量减小，直到蒸发器冷冻水出水温度回升至设定值，机组制冷量与空调冷负荷达到新的平衡为止；反之，当空调冷负荷增加时，蒸发器的冷冻水进水温度上升，导致蒸发器的冷冻水温度高于设定值，则导叶开度自动开大，使机组的制冷量增加，直到蒸发器出水温度下降到设定值为止。

（4）日常开机前的检查与准备

1）查看上一班的运行记录、故障排除和检修情况以及留言注意事项。

2）检查压缩机电动机电流限制设定值。通常压缩机电动机最大负荷的电流限制比设定在100%位置，除特殊情况下要求以低百分比电流限制机组运行外，不得任意改变设定值。

3）检查油箱中的油位和油温。在较低的视镜中应该能看到液面或者超过这个视镜显示；同时务必检查油箱温度，一般在起动前油箱的温度为60~63℃。油温太低时应加热，以防止过多制冷剂落入油中（在压缩机停机时，油加热器是通电的；在机组运行时，油箱加热器的电源则断开）。

4）检查导叶控制位。确认导叶的控制旋钮是在“自动”位置上，而导叶的指示是关闭的；或通过手动控制按钮，将压缩机进口导叶处于全闭位置。

5）检查抽气回收开关。确认抽气回收开关设置在“定时”上，确保无空气漏入制冷系统内。

6）检查油泵开关。确认油泵开关是在“自动”位置上，如果是在“开”的位置，机组将不能起动。

7）检查冷冻水供水温度设定值。冷冻水供水温度设定值通常为7℃，不符合要求可以进行调节，在需要的时候可在机组的设置菜单中对其进行调节，但最好不要随意改变该值。

8）检查制冷剂压力。制冷剂的高低压显示值应在正常停机范围内。

9）检查供电电压和状态。两相电压均在（380±38）V范围内，冷水机组、水泵、冷却塔的电源开关、隔离开关、控制开关均在正常供电状态。

10）检查各阀门。机组各有关阀门的开、关或阀位应在规定位置。如果是因为故障原因而停机维修的，在故障排除后要将因维修需要而关闭的阀门打开。

（5）季节性开机前的检查与准备

1）关闭所有的排水阀，重新安装蒸发器和冷凝器集水器中的放水塞。

2）根据各设备生产商提供的起动和维护说明对备用设备进行检修。

3）排空冷却塔以及曾使用的冷凝器和配管中的空气，并重新注水。此时，系统（包括旁路）中的空气必须全部清除，然后关闭冷凝器水箱的放空阀。

4）打开蒸发器冷冻水循环回路中所有的阀。

5）如果蒸发器中的水已经排出，则排除蒸发器中的空气，并在蒸发器和冷冻水回路中注水。当系统（包括旁路）中的空气全部清除后，关闭蒸发器水箱的放空阀。

6）如需要，给外部导叶控制连杆加润滑油。

7）检查每个安全和运行控制的调节与运行。

8）闭合所有切断开关。

完成上述各项检查与准备工作后，再接着做日常开机前的检查与准备工作。当全部检查与准备工作完成后，合上所有的隔离开关即可进入机组及其水系统的起动操作阶段。

（6）系统的起动　离心式热泵压缩机的起动运行方式有“全自动”运行方式和“部分自动”（即手动起动）运行方式两种。离心式热泵压缩机无论是全自动运行方式或部分自动运行方式的操作，其起动联锁条件和操作程序都是相同的。热泵机组起动时，当起动联锁回路处于下述任何一项时，即使按下起动按钮，机组也不会起动。例如：导向叶片没有全部关闭；故障保护电路动作后没有复位；主电动机的起动器不处于起动位置上；按下起动开关后润滑油的压力虽然上升了，但升至正常油压的时间超过了20s；机组停机后再起动的时间未达到15min；冷媒水泵或冷却水泵没有运行或水量过少等。

当主机的起动运行方式选择“部分自动”控制时，主要是指冷量调节系统是人为控制的，而一般油温调节系统仍是自动控制，起动运行方式的选择对机组的负荷试机和调整都没有影响。

机组起动方式的选择原则是：新安装的机组及机组大修后进入负荷试机调整阶段，或者蒸发器运行工况需要频繁变化的情况下，常采用主机“部分自动”的运行方式，即相应的冷量调节系统选择“部分自动”的运行方式。当负荷试机阶段结束，或蒸发器运行的使用工况稳定以后，可选择“全自动”的运行方式。无论选择何种运行方式，机组开始起动时均由操作人员在主电动机起动过程结束达到正常转速后，逐渐地开大进口导向叶片的开度，以降低蒸发器的出水温度，直到达到要求值。然后，将冷量调节系统转入“全自动”程序或仍保持“部分自动”的操作程序。

1）起动操作。对就地控制机组（A型），按下“清除”按钮，检查除“油压过低”指示灯亮外，是否还有其他故障指示灯亮。若有则应查明原因，并予以排除。对集中控制机组（B型），待“允许启动”指示灯亮时，闭合操作盘（柜）上的开关至起动位置。

2）起动过程监视与操作。在“全自动”状态下，油泵起动运转延时20s后，主电动机应起动。此时应监听压缩机运转中是否有异常情况，若发现有异常情况则应立即进行调整和处理，若不能马上处理和调整则应迅速停机处理后再重新起动。当主电动机运转电流稳定后，迅速按下“导流叶片开大”按钮。每开启5%~10%导叶角度，应稳定3~5min，待供油压力值回升后，再继续开启导叶。待蒸发器出口冷媒水温度接近要求值时，对导叶的手动控制可改为温度自动控制。调节油冷却剂流量，保持油温在规定值内。起动完毕，机组进入正常运行时，操作人员还需进行定期检查，并做好记录。

（7）系统的停机　离心式热泵压缩机的停机操作分为日常停机和季节性停机两种情况。

1）日常停机。

① 通过手动控制按钮，将进口导叶关小到30%，使机组处于减载状态。

② 按主机停止开关，压缩机进口导叶应自动关闭。若不能自动关闭，应通过手动操作来关闭。在停机过程中要注意主电动机有无反转现象，以免造成事故。主电动机反转是由于在停机过程中，压缩机的增压作用突然消失，蜗壳及冷凝器中的高压制冷剂气体倒灌所致的。因此，在保证安全的前提下，压缩机停机之前应尽可能关小导叶角度，降低压缩机出口压力。

③ 压缩机停止运转后，继续使冷冻水泵运行一段时间，以保持蒸发器中制冷剂的温度在2℃以上，防止冷冻水产生冻结。

④ 切断油泵、冷却水泵、冷却塔风机、油冷却器冷却水泵和冷冻水泵的电源。

⑤ 切断主机电源，保留控制电源以保证冷冻机油的温度。油温应继续维持在60~63℃之间，以防止制冷剂大量溶入冷冻机油中。

⑥ 关闭抽气回收装置与冷凝器、蒸发器相通的波纹管阀，压缩机的加油阀，主电动机、回收冷凝器、油冷却器（图3-58）等的供应制冷剂的液阀以及抽气装置上的冷却水阀等。

⑦ 停机后，主电动机的供油、回油管路仍应保持畅通，油路系统中的各阀一律不得关闭。

⑧ 停机后，除向油槽进行加热的供电和控制电路外，机组的其他电路应一律切断，以保证停机安全。

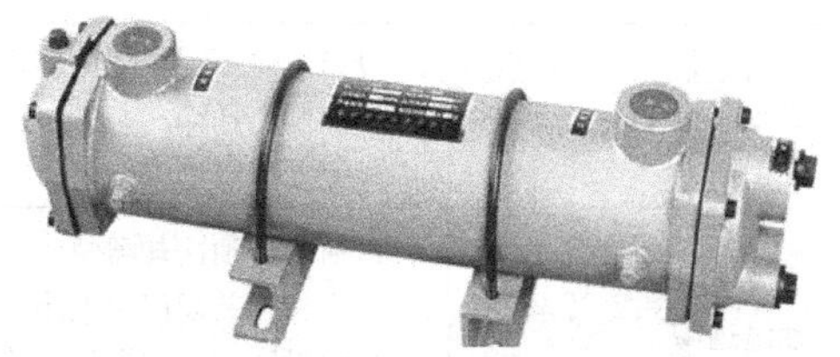

图3-58　油冷却器

⑨ 检查蒸发器内制冷剂液位高度，应比机组运行前略低或基本相同。

⑩ 再检查一下导叶的关闭情况，必须确认处于全关闭状态。

2）季节性停机。按日常停机操作之后，再进行以下操作程序。

① 断开除控制电源切断开关以外的所有切断开关。

② 如果使用过冷凝器配管和冷却塔，应排出它们里面的水。

③ 打开冷凝器集水器中的排水和排空塞，排出冷凝器中的水。

④ 在长期停机时，要起动排气装置，确保每两周对机组进行 2h 的排气。

3.3.2.3 故障分析与排除

1. 活塞式热泵机组

活塞式压缩机、冷凝器、蒸发器和热力膨胀阀常见故障分析与排除方法，见表 3-5~表 3-8。

表 3-5 活塞式压缩机常见故障分析与排除方法

故障现象	原因分析	排除方法
压缩机不运转	1）电气线路故障、熔丝熔断、热继电器动作 2）电动机绕组烧毁或匝间短路 3）活塞卡住或抱轴 4）压力继电器动作	1）找出断电原因，换熔丝或揿复位按钮 2）测量各相电阻及绝缘电阻，修理电动机 3）打开机盖、检查修理 4）检查油压、温度、压力继电器，找出故障，修复后揿复位按钮
压缩机不能正常起动	1）线路电压过低或接触不良 2）排气阀片漏气，造成曲轴箱内压力过高 3）温度控制器失灵 4）压力控制器失灵	1）检查线路电压过低的原因及其电动机连接的起动元件 2）修理研磨阀片与阀座的密封线 3）检验、调整温度控制器 4）检验、调整压力控制器
压缩机起动、停机频繁	1）吸气压力过低或低压继电器切断值调得过高 2）排气压力过高或高压继电器切断值调得过低	1）调整膨胀阀的开度，重新调整低压继电器的切断值 2）加大冷风机转速或重新调整一下高压继电器切断值
压缩机不停机	1）制冷剂不足或泄漏 2）温控器、压力继电器或电磁阀失灵 3）节流装置开启度过小	1）检漏、修复、补充制冷剂 2）检查后修复或更换 3）加大开启度
压缩机起动后没有油压	1）供油管路或油过滤器堵塞 2）油压调节阀开启过大或阀芯损坏 3）传动机构故障（定位销脱落、传动块脱位等）	1）疏通清洗油管和油过滤器 2）调整油压调节阀，使油压调至需要数值，或修复阀芯 3）检查、修复
油压过高	1）油压调节阀未开或开启过小 2）油压调节阀阀芯卡住	1）调整油压达到要求值 2）修理油压调节阀
油压不稳	1）油泵吸入带有泡沫的油 2）油路不畅通 3）曲轴箱内润滑油过少	1）排除油起泡沫的原因 2）检查疏通油路 3）添加润滑油
油温过高	1）曲轴箱油冷却器缺水 2）主轴承装配间隙太小 3）轴封摩擦环装配过紧或摩擦环拉毛 4）润滑油不清洁、变质	1）检查水阀及供水管路 2）调整装配间隙，使其符合技术要求 3）检查修理轴封 4）清洗油过滤器，换上新油

（续）

故障现象	原因分析	排除方法
油泵不上油	1)油泵严重磨损,间隙过大 2)油泵装配不当 3)油管堵塞	1)检修更换零件 2)拆卸检查,重新分配 3)清洗过滤器和油管
曲轴箱中润滑油起泡沫	1)油中混有大量氨液,压力降低时由于液氨蒸发引起泡沫 2)曲轴箱中油太多,连杆大头搅动油引起泡沫	1)将曲轴箱中的液氨抽空,换上新油 2)从曲轴箱中放油,降到规定的油面
压缩机耗油量过多	1)油环严重磨损,装配间隙过大 2)油环装反,环的锁口在一条垂线上 3)活塞与气缸间隙过大 4)油分离器自动回油阀失灵 5)制冷剂液体进入压缩机曲轴箱内	1)更换油环 2)重新装配 3)调整活塞环,必要时更换活塞或缸套 4)检修自动回油阀,使油及时返回曲轴箱 5)开机前先加热曲轴箱中润滑油,再根据油镜指示添加润滑油
曲轴箱压力升高	1)活塞环密封不严,高低压串气 2)吸气阀片关闭不严 3)气缸套与机座密封不好 4)液态制冷剂进入曲轴箱蒸发,使外壁结霜	1)检查修理 2)检查阀片密封线 3)清洗或更换垫片,并注意调整间隙 4)抽空曲轴箱液态制冷剂
能量调节机构失灵故障	1)油压过低 2)油管堵塞 3)油活塞卡住 4)拉杆与传动环卡住 5)油分配阀安装不合适 6)能量调节电磁阀故障	1)调整油压 2)清洗油管 3)检查原因,重新装配 4)检修拉杆与传动环,重新装配 5)用通气法检查各工作位置是否适当 6)检修或更换
排气温度过高	1)冷凝温度太高 2)吸气温度太低 3)回气温度过热 4)气缸余隙容积过大 5)气缸盖冷却水量不足 6)系统中有空气	1)加大冷风量 2)调整供液量或向系统加氨 3)按吸气温度过热处理 4)按设备技术要求调整余隙容积 5)加大气缸盖冷却水量 6)排空空气
回气过热度过高	1)蒸发器中供液太少或系统缺氟 2)吸气阀片漏气或破损 3)吸气管道隔热失效	1)调整供液量 2)检查研磨阀片或更换阀片 3)检查、更换隔热材料
排气温度过低	1)压缩机结霜严重 2)中间冷却器供液过多	1)关小节流阀 2)关小中间冷却器供液阀
压缩机排气压力比冷凝压力高	1)排气管道中的阀门未全开 2)排气管道内局部堵塞 3)排气管道管径太小	1)开大排气管道中的阀门 2)检查去污,清理堵塞物 3)通过验算,更换管径

（续）

故障现象	原因分析	排除方法
吸气压力比正常蒸发压力低	1）供液太多，使压缩机吸入未蒸发的液体，造成吸气温度过低 2）制冷量大于蒸发器的热负荷。进入蒸发器的液态制冷剂未来得及蒸发吸热即被压缩机吸入 3）蒸发器内部积油太多，造成制冷剂未能全部蒸发而被压缩机吸入	1）适当减少供液量 2）调节压缩机，使制冷量与蒸发器的热负荷相一致 3）进行除霜和放油
压缩机结霜	1）在正常蒸发压力下，压缩机吸气温度过低，氨液被吸入气缸 2）低压循环储液器氨液面超高 3）中间冷却器液面超高 4）热氨冲霜后恢复正常降温时吸气阀开启太快	1）关小供液阀，减少供液量，关小压缩机吸气阀，将卸载装置拨至最小容量，待结霜消除后恢复吸气阀和卸载装置 2）关小供液阀或对循环储液器进行排液 3）关小中间冷却器供液阀或对中间冷却器进行排液 4）应缓慢开启吸气阀，并注意压缩机吸气温度，运转正常后再逐渐完全开启
压力表指针跳动剧烈	1）系统内有空气 2）压力表失灵	1）排放空气 2）检修或更换压力表
气缸中有敲击声	1）气缸中余隙容积过小 2）活塞销与连杆小头孔间隙过大 3）吸排气阀固定螺栓松动 4）安全弹簧变形，丧失弹性 5）活塞与气缸间隙过大 6）阀片破碎，碎片落入气缸内 7）润滑油中残渣过多 8）活塞连杆上螺母松动 9）制冷剂液体或润滑油大量进入气缸产生液击	1）按要求重新调整余隙容积 2）更换磨损严重的零件 3）拆下压缩机气缸盖，紧固螺栓 4）更换弹簧 5）检修或更换活塞环与缸套 6）停机检查更换阀片 7）清洗换油 8）拆开压缩机的曲轴箱侧盖，将连杆大头上的螺母拧紧 9）调整进入蒸发器的供液量
曲轴箱有敲击声	1）连杆大头瓦与曲拐轴颈的间隙过大 2）主轴承与主轴颈间隙过大 3）开口销断裂，连杆螺母松动 4）联轴器中心不正或联轴器键槽松动 5）主轴滚动轴承的轴承架断裂或钢珠磨损	1）调整或换上新瓦 2）修理或换上新瓦 3）更换开口销，紧固螺母 4）调整联轴器或检修键槽 5）更换轴承
气缸拉毛	1）活塞与气缸间隙过小，活塞环锁口尺寸不正确 2）排气温度过高，引起油的黏度降低 3）吸气中含有杂质 4）润滑油黏度太低，含有杂质 5）连杆中心与曲轴颈不垂直，活塞走偏	1）按要求间隙重新装配 2）调整操作，降低排气温度 3）检查吸气过滤器，清洗或换新 4）更换润滑油 5）检修校正
阀片变形或断裂	1）压缩机液击 2）阀片装配不正确 3）阀片质量差	1）调整操作，避免压缩机严重出霜 2）细心、正确地装配阀片 3）换上合格阀片

（续）

故障现象	原因分析	排除方法
轴封严重漏油	1）装配不良 2）动环与静环摩擦面拉毛 3）橡胶密封圈变形 4）轴封弹簧变形、弹性减弱 5）曲轴箱压力过高 6）轴封摩擦面缺油	1）重新装配 2）检查校验密封面 3）更换密封圈 4）更换弹簧 5）检修排气阀泄漏，停机前使曲轴箱降压 6）检查进出油孔
轴封油温过高	1）动环与静环摩擦面比压过大 2）主轴承装配间隙过小 3）填料压盖过紧 4）润滑油含杂质或油量不足	1）调整弹簧强度 2）调整间隙达到配合要求 3）适当紧固压盖螺母 4）检查油质，更换油或清理油路、油泵
压缩机主轴承温度过高	1）润滑油不足或缺油 2）主轴承径向间隙或轴向间隙过小 3）主轴瓦拉毛 4）油冷却器冷却水不畅 5）轴承偏斜或曲轴翘曲	1）检查油泵、油路，补充新油 2）重新调整间隙 3）检修或换新瓦 4）检修油冷却器管路，保证供水畅通 5）进行检查修理
连杆大头瓦熔化	1）大头瓦缺油，形成干摩擦 2）大头瓦装配间隙过小 3）曲轴油孔堵塞 4）润滑油含杂质太多，造成轴瓦拉毛发热熔化	1）检查油路是否通畅，油压是否足够 2）按间隙要求重新装配 3）检查清洗曲轴油孔 4）换上新油和新轴瓦
活塞在气缸中卡住	1）气缸缺油 2）活塞环搭口间隙太小 3）气缸温度变化剧烈 4）润滑油含杂质多，质量差	1）疏通油路，检修油泵 2）按要求调整装配间隙 3）调整操作，避免气缸温度剧烈变化 4）换上合理的润滑油

表3-6 冷凝器常见故障分析与排除方法

故障现象	原因分析	排除方法
排气压力过高	风冷冷凝器冷却风量不足 1）风机不通电或风机有故障不能运转 2）风机压力控制器失灵，触头不能闭合 3）风机电动机烧毁、短路 4）三相风机反转或缺相 5）风机周围有障碍物，通风不好	1）检查、开启风机 2）调整或更换压力控制器使其正常工作 3）修理或更换电动机 4）检查调整接线情况 5）清理周围障碍物，使通风良好
	风冷冷凝器表面过脏	清洗、吹除风冷冷凝器表面灰尘污垢
	水冷冷凝器冷却水量不足 1）冷却水进水阀开度太小 2）水压太低（一般应在0.12MPa以上） 3）进水管路堵塞 4）水量调节阀失灵	1）开大进水阀 2）提高水压 3）消除堵塞物 4）调整修理水量调节阀
	水冷冷凝器水垢过厚	对水冷冷凝器进行清洗
泄漏	盘管破裂或端盖不严	找出泄漏部位，补漏或更换部件

表 3-7　蒸发器常见故障分析与排除方法

故障现象	原因分析	排除方法
制冷效果差	蒸发器内积油过多	给蒸发器注入溶油剂,清除积油
吸入压力过高	蒸发器热负荷过大	调整热负荷
排气压力过低	蒸发器过滤网过脏	清洗过滤网
吸入压力过低	1)蒸发器进液量太少 2)蒸发器污垢太厚 3)蒸发器冷风机未开启或风机反转	1)调大膨胀阀开度 2)清洗污垢 3)起动风机、检查相序
制冷剂泄漏	蒸发器铜管泄漏	检修或更换铜管

表 3-8　热力膨胀阀常见故障分析与排除方法

故障现象	原因分析	排除方法
制冷机运转,但无冷气	1)感温包内充注的感温剂泄漏 2)过滤器和阀孔被堵塞	1)修理或更换膨胀阀 2)清洗过滤器或阀件
制冷压缩机起动后,膨胀阀很快被堵塞(吸入压力降低),阀外加热后,阀又立即开启工作	系统内有水分,水分在阀孔处冻结,造成冰堵	加强系统干燥(在系统的液管上加装干燥器或更换干燥剂)
膨胀阀进口管上结霜	膨胀阀前的过滤器堵塞	清洗过滤器
膨胀阀发出“丝丝”的响声	1)系统内制冷剂不足 2)液体无过冷度,液管阻力损失过大,在阀前液管中产生“闪气”	1)补充制冷剂 2)保证液体制冷剂有足够大的过冷度
热力膨胀阀不稳定,流量忽大忽小	1)选用了过大的膨胀阀 2)开启过热度调得过小 3)感温包位置或外平衡管位置不当	1)改用容量适当的膨胀阀 2)调整开启过热度 3)选择合理的安装位置
膨胀阀关不小	1)膨胀阀损坏 2)开启过热度调得过小 3)感温包位置或外平衡管位置不当	1)更换或修理膨胀阀 2)把传动杆稍微锉短一些 3)选择合理的安装位置
吸入压力过高	1)膨胀阀感温包松落,隔热层破损 2)膨胀阀开度过大	1)放正感温包,包扎好隔热层 2)适当调小膨胀阀开度

2. 螺杆式热泵机组

表 3-9 列出了水冷螺杆式热泵机组常见故障分析与排除方法。

表 3-9　水冷螺杆式热泵机组常见故障分析与排除方法

故障现象	原因分析	排除方法
排气压力过高	1)冷凝器进水温度过高或流量不够 2)系统内有空气或不凝结气体 3)冷凝器铜管内结垢严重 4)制冷剂充灌过多 5)冷凝器上进气阀未完全打开 6)吸气压力高于正常情况 7)水泵故障	1)检查冷却塔、水过滤器和各个水阀 2)排除空气或气体 3)清洗铜管 4)排除多余量 5)全打开 6)参考“吸气压力过高”栏目 7)检查冷却水泵

（续）

故障现象	原因分析	排除方法
排气压力过低	1)通过冷凝器的水流量过大 2)冷凝器的进水温度过低 3)大量液体制冷剂进入压缩机 4)制冷剂充灌不足 5)吸气压力低于标准	1)调小阀门 2)调节冷却塔风机转速或风机工作台数 3)检查膨胀阀及其感温包 4)充灌到规定量 5)参考“吸气压力过低”栏目
吸气压力过高	1)制冷剂充灌过量 2)在满负荷时,大量液体制冷剂流入压缩机	1)排除多余量 2)检查和调整膨胀阀及其感温包,确定感温包是否紧固于吸气管上,并已隔热;冷水入口温度高于限定温度
吸气压力过低	1)未完全打开冷凝器制冷剂液体出口阀门 2)制冷剂过滤器有堵塞 3)膨胀阀调整不当或故障 4)制冷剂充灌不足 5)过量润滑油在制冷系统中循环 6)蒸发器的进水温度过低 7)通过蒸发器的水量不足	1)全打开 2)更换过滤器 3)调校正确或排除故障 4)补充到规定量 5)查明原因,减少到合适值 6)提高进水温度设定值 7)检查水泵、水阀
压缩机因高压保护停机	1)通过冷凝器的水量不足 2)冷凝器铜管堵塞 3)制冷剂充灌过量 4)高压保护设定值不正确	1)检查冷却塔、水泵、水阀 2)清洗铜管 3)排除多余量 4)正确设定
压缩机因主电动机过载停机	1)电压过高或过低或相位不平衡 2)排气压力过高 3)回水温度过高 4)过载元件故障 5)主电动机或接线座短路	1)查明原因。使电压值与额定值误差在10%以内或相位不平衡率在3%以内 2)参考“排气压力过高”栏目 3)查明原因,使其降低 4)检查压缩机电流,对比资料上的全额电流 5)检查电极接线座与地线之间的阻抗,修复
压缩机因主电动机温度保护而停机	1)电压过高或过低 2)排气压力过高 3)冷水回水温度过高 4)温度保护器件故障 5)制冷剂充灌不足 6)冷凝器气体入口阀关闭	1)检查电压与机组额定值是否一致,必要时更正相位不平衡 2)检查排气压力和确定排气压力过高原因,排除 3)检查原因,排除 4)排除或更换 5)补充到规定量 6)打开
压缩机因低压保护而停机	1)制冷剂过滤器堵塞 2)膨胀阀故障 3)制冷剂充灌不足 4)未打开冷凝器液体出口阀	1)更换 2)排除或更换 3)补充到规定量 4)打开

（续）

故障现象	原因分析	排除方法
压缩机有噪声	压缩机吸入液体制冷剂	调整膨胀阀
压缩机不能运转	1)过载保护断开或控制线路熔丝烧断 2)控制线路接触不良 3)压缩机继电器线圈烧坏 4)相位错误	1)查明原因,更换 2)检修 3)更换 4)调整正确
卸载系统不能工作	1)温控器故障 2)卸载电磁阀故障 3)卸载机构损坏	1)排除或更换 2)排除或更换 3)修理或更换

3. 离心式热泵机组

排除离心式压缩机机组故障，应认真理解产品说明书及有关资料的内容，掌握故障的原因及其排除方法，对于机组的一般性故障要及时加以排除，避免发生重大事故。离心式热泵压缩机、主电动机、抽气回收装置、润滑油系统、机组的腐蚀常见故障分析与排除方法，见表 3-10～表 3-14。

表 3-10 离心式热泵压缩机常见故障分析与排除方法

故障名称	故障现象	原因分析	排除方法
振动与噪声过大	压缩机振动值超差,甚至转子件破坏	转子动平衡未达到标准及转子件材质内部缺陷	复核转子动平衡或更换转子件
		运行中转子叶轮动平衡破坏 1)机组内部清洁度差 2)叶轮与主轴防转螺钉或键强度不够或松动脱位 3)转子叶轮端头螺母松动脱位,导致动平衡破坏 4)小齿轮先于叶轮破坏而造成转子不平衡 5)主轴变形	1)停机检查机组内部清洁度 2)更换键、防转螺钉 3)检查防转垫片是否焊牢,螺母、螺纹方向是否正确 4)检查大、小齿轮状态,决定是否能用 5)校整或更换主轴
		推力块磨损,转子轴向窜动	停机,更换推力轴承
		压缩机与主电动机轴承孔不同心	停机,调整同轴度
		齿轮联轴器齿面污垢、磨损	调整、清洗或更换
	喘振,强烈而有节奏的噪声及嗡鸣声,电流表指针大幅度摆动	滑动轴承间隙过大或轴承端盖过盈太小	更换滑动轴承轴瓦,调整轴承端盖过盈
		密封齿与转子件碰擦	调整或更换密封
		压缩机吸入大量制冷剂液	抽出制冷剂液,降低液位
		进、出气接管扭曲,造成轴中心线歪斜	调整进、出气接管
		润滑油中溶入大量制冷剂,轴承油膜不稳定	调整油温,加热使油中制冷剂蒸发排出
		机组基础防振措施失效	调整弹簧或更换新弹簧,恢复基础防振措施
		冷凝压力过高	排除系统内的空气,清除铜管管内污垢
		蒸发压力过低	加注制冷剂,清除蒸发器管子污垢
		导叶开度过小	增大导叶开度

（续）

故障名称	故障现象	原因分析	排除方法
轴承温度过高	轴承温度逐渐升高，无法稳定	轴承装配间隙或泄(回)油孔过小	调整轴承间隙，加大泄(回)油孔径
		供油温度过高 1)油冷却器水量或制冷剂流量不足 2)冷却水温或冷却用制冷剂温度过高 3)油冷却器冷却水管结垢严重 4)油冷却器冷却水量不足 5)螺旋冷却管与缸体间隙过小，油短路	1)增加冷却介质流量 2)降低冷却介质温度 3)清洗冷却水管 4)更换或改造油冷却器 5)调整螺旋冷却管与缸体间隙
		供油压力不足 1)液压泵选型太小 2)液压泵内部堵塞，滑片与泵体径向间隙过小 3)油过滤器堵塞 4)液压系统油管或接头堵塞	1)换上大型号液压泵 2)清洗液压泵、油过滤器、油管 3)清洗或拆换滤芯 4)疏通管路
		机壳顶部油气分离器中滤网层过多	减少滤网层数
		润滑油油质不纯或变质 1)供货不纯 2)油桶与空气直接接触 3)液压系统未清洗干净 4)油中溶入过多的制冷剂 5)未定期换油	1)更换润滑油 2)改善油桶保管条件 3)清洗液压系统 4)加热油让制冷剂逸出 5)定期更换油
		开机前充灌制冷机油量不足	不停机充灌足制冷机油
	轴承温度骤然升高	供回油管路严重堵塞或突然断油	清洗供回油管路
		油质严重不纯 1)油中混入大量颗粒状杂物，在油过滤网破裂后带入轴承内 2)油中溶入大量制冷剂、水分、空气等	更换清洁的制冷机油
		轴承(尤其是推力轴承)严重磨损或烧毁	拆机更换轴承
压缩机不能起动	起动准备工作已经完成，压缩机不能起动	主电动机的电源事故	检查电源，如熔丝熔断、电源插头松脱等，使其供电
		进口导叶不能全关	检查导叶开闭是否与执行机构同步
		控制线路熔断器断线	检查熔断器，断线的更换
		过载继电器动作	检查继电器的设定电流值
	油泵不能起动	防止频繁起动的定时器动作	等过了设定时间后再起动
		开关不能合闸	按下过载继电器复位按钮，检查熔断器是否断线

表 3-11　主电动机常见故障分析与排除方法

故障现象	原因分析	排除方法
轴承温度过高	轴弯曲	校正主电动机轴或更换轴
	连接不对中	重新调整对中及大、小齿轮平行度
	轴承供油路堵塞	拆开油路，清洗油路并换新油
	轴承供油孔过小	扩大供油孔孔径
	油的黏度过高或过低	换用适当黏度的润滑油
	油槽油位过低，油量不足	补充油至标定线位
	转向推力过大	消除来自被驱动小齿轮的轴向推力
	轴承磨损	更换轴承
主电动机脏污	绕组端全部附着灰尘与绒毛	拆开电动机，清洗绕组等部件
	转子绕组黏结着灰尘与油	擦洗或切削，清洗后涂好绝缘漆
	轴承腔、刷架腔内表面都黏附灰尘	用清洗剂洗净
主电动机受潮	绕组表面有水滴	擦干水，用热风吹干或进行低压干燥
	漏水	以热风吹干并加防漏盖，防止热损失
	浸水	送制造厂拆洗并做干燥处理
主电动机不能起动	负荷过大 1）制冷负荷过大 2）压缩机吸入液体制冷剂 3）冷凝器冷却水温过高 4）冷凝器冷却水量减少 5）系统内有空气	减小负荷 1）减小制冷负荷 2）降低蒸发器内制冷剂液面 3）降低冷却水温 4）增加冷却水量 5）开启抽气回收装置，排除空气
	电压过低	升高电压
	线路断开	检查熔断器、过负荷断电器、起动柜及按钮，更换破损的电阻片
	程序有错误，接线不对	
	绕线电动机的电阻器故障	检查、修理电路，更换电阻片
电源线良好，但主电动机不能起动	一相断路	检修断相部位
	主电动机过载	减少负荷
	转子破损	检修转子的导条与端环
	定子绕组接线不全	拆主电动机的刷架盖，查出该位置
起动完毕后停转	电源方面的故障	检查接线柱、熔断器、控制线路连接处是否松动
主电动机达不到规定转速	采用了不适当的电动机和起动器	检查原始设计，采用适当的电动机及起动器
	线路电压降过大、电压过低	提高变压器的抽头，升高电压或减小负荷
	绕线电动机的二次电阻的控制动作不良	检查控制动作，使其能正确作用
	起动负荷过大	检查进口导叶是否全关
	同步电动机起动转矩过小	更改转子的起动电阻或修改转子的设计
	滑环与电刷接触不良	调整电刷的接触压力
	转子导条破损	检查靠近端环处有无龟裂，必要时转子换新
	一次电路有故障	用万用表查出故障部位，进行修理

（续）

故障现象	原因分析	排除方法
起动时间过长	起动负荷过大	减小负荷，检查进口导叶是否全关
	压缩机入口带液，加大负荷	抽出过量的制冷剂
	笼型电动机转子破损	更换转子
	接线电压降过大	修正接线直径
	变压器容量过小，电压降低	加大变压器容量
	电压低	提高变压器抽头，升高电压
主电动机运转中绕组温度过高或过热	过负荷	检查进口导叶开度及制冷剂充灌量
	一相断路	检修断相部位
	端电压不平稳	检修导线和变压器
	定子绕组断路	检修，检查功率表读数
	电压过高、过低	用电压表测定电动机接线柱上的线电压
	转子与定子接触	检修轴承
	制冷剂喷液量不足 1）供制冷剂液过滤器脏污堵塞 2）供液阀开度失灵 3）主电动机内喷制冷剂液的喷嘴堵塞或不足 4）供制冷剂液的压力过低	1）清洗过滤器滤芯或更换滤网 2）检修供液阀或更换 3）疏通喷嘴或增加喷嘴 4）检查冷凝器与蒸发器压差，调整工况
	绕组表面防腐涂料脱落、失效，绝缘性能下降	检查绕组绝缘性能，分析制冷剂中含水量
电流不平衡	电压不平衡	检查导线与连接
	单相运转	检查连线柱的断路情况
	绕线电动机二次电阻连接不好	查出接线错误，改正连接
	绕线电动机的电刷不好	调整接触情况或更换
电刷不好	电刷偏离中心	调整电刷位置或予以更换
	滑环起毛	修理或更换
振动大	基础薄弱或支承松动	加强基础，紧固支承
	电动机对中不好	调整对中
	联轴器不平衡	调整平衡情况
	小齿轮转子不平衡	调整小齿轮转子平衡情况
	轴承破损	更换轴承
	轴承中心线与轴线不一致	调整对中
	平衡调整重块脱落	调整电动机转子动平衡
	单相运转	检查线路断开情况
金属声响	端部摆动过多	调整与压缩机连接的法兰螺栓
	开启电动机的风扇与机壳接触	消除接触
	开启电动机的风扇与绝缘物接触	

（续）

故障现象	原因分析	排除方法
金属声响	地脚紧固螺栓松脱	拧紧螺栓
	喷嘴与电动机轴接触	调整喷嘴位置
	轴瓦或气封齿碰轴	拆检轴承和气封
磁噪声	气隙不等	调整轴承，使气隙相等
	轴承间隙过大	更换轴承
	转子不平衡	调整转子平衡状况
主电动机轴承无油	油系统断油或供油量不足	检查油系统，补充油量
	供油管路、阀堵塞或未开启	清洗油管路，检查阀开度
主电动机内部浸水	蒸发器或冷凝器传热管破裂	查清原因，对各部件漏水情况分别处理，并对系统进行干燥除湿 对浸水的封闭型电动机必须进行以下处理 1）排尽积水，拆开主电动机，检查轴承本体和轴瓦是否生锈 2）检查转子硅钢片是否生锈，并用制冷剂、除锈剂清洗 3）对绕组进行洗涤（用 R11） 4）测定电动机导线的绝缘电阻，拆开接线柱上的导线，测定各接线柱对地的绝缘电阻。低电压时，应在 10MΩ 以上；高电压时，应在 15MΩ 以上（干燥后） 5）通过电热器和过滤器向主电动机内部吹入热风，热风温度应≤90℃，排风口与大气相通 6）主电动机定子的干燥用电流不得超过定子的额定电流值。干燥过程中绕组的温度不得超过 75℃ 7）抽真空（对机组）除湿。若真空泵出口湿球温度达到 2℃，且 2h 后无升高，则认为干燥除湿处理结束

表 3-12 抽气回收装置常见故障分析与排除方法

故障现象	原因分析	排除方法
小活塞压缩机不动作	传动带过紧而卡住或传动带打滑	更换传动带
	活塞因锈蚀而卡死	拆机清洗
	活塞压缩机的电动机接线不良或松脱，或电动机完全损坏	重新接线或更换电动机
	断电	停止开机
回收冷凝器内压力过高	减压阀失灵或卡住	检修或更换减压阀
	压差调节器整定值不正确，造成减压阀该动作不动作	重新整定压差调节器数值
	回收冷凝器上部的压力表不灵或不准	更换压力表

（续）

故障现象	原因分析	排除方法
回收冷凝器效果差或排放制冷剂损失过大	制冷剂供冷却管路（采用制冷剂冷却的回收冷凝器）堵塞或供液阀失灵	清洗管路，检修供液阀
	所供制冷剂不纯	更换制冷剂
	冷凝盘管表面及周围制冷剂压力、温度未达到冷凝点（温度高但压力低）	检查排气阀及电磁阀是否失灵
	回收冷凝器与冷凝器顶部相通的阀未开启或卡死、锈蚀和失灵	检修阀或更换
	放液浮球阀不灵、卡死、关不住	检修浮球阀
	回收冷凝器盘管堵塞	清洗盘管
活塞压缩机油量减少	活塞的刮油环失效	检查或更换刮油环
	油分离器及管路上有堵塞现象	拆检和清洗油分离器及管路
装置系统内大量带油	对压缩机加油的加油阀未及时关闭	及时关闭加油阀
	放液阀与放油阀同时开启，造成油罐入冷凝器	注意关闭此阀
	起动油泵时，油分离器底部与油槽相通的阀未关闭，油灌入油分离器内	注意关闭此阀
	制冷剂大量混入油中 1）排液阀不灵，制冷剂倒灌 2）机组供液不纯	1）检修排液阀 2）加热分离油和气

表3-13 润滑油系统常见故障分析与排除方法

故障名称	故障现象	原因分析	排除方法
压缩机无起动	油压过低	油中溶有制冷剂，使油质变稀	减少油冷却器用水量，将油加热器切换到最大容量
		油泵无法起动或油泵转向错误	检查油泵电动机接线是否正确
		油温太低 1）电加热器未接通 2）电加热器加热时间不够 3）油冷却器过冷	1）检查电加热接线，重新接通 2）以油槽油温为准，重新接通 3）调节并保持适当温度
		油泵装配上存在问题 1）油泵中径向间隙过大 2）滑片油泵内与有脏物堵塞 3）滑片松动 4）调压阀的阀芯卡死 5）油泵盖间隙过大	1）拆换油泵转子 2）清洗油泵转子与壳体 3）紧固滑片 4）拆检调压阀，调整阀芯 5）调整端部纸片厚薄
		主电动机回油管未接油槽底部而直接连通总回油管，未经加热，供油压力上不去	重新接通油槽

（续）

故障名称	故障现象	原因分析	排除方法
压缩机无起动	油质不纯	油脏	更换油
		不同牌号冷冻机油混合，使油的黏度降低，不能形成油膜	不允许，必须换上规定牌号的冷冻机油
		未采用规定的制冷机油	更换上规定牌号的制冷机油
		油存放不当，混入空气、水、杂质而变质	改善存放条件，按油质要求判断能否继续使用
	供油量不足	油泵选型容量不足	换上大容量油泵
		充灌油量不足，不见油槽油位	补给油量至规定值
	供油压力不稳定	制冷剂充灌量不足，进气压力过低，平衡管与油槽上部空间相通，油的背压下降，供油压力无法稳定而油压过低停车	补足充灌制冷剂量
		浮球上有漏孔或浮球阀开启不灵，造成制冷剂量不足，供油压力无法稳定而停车	检修浮球阀
		压缩机内部漏油严重，造成油槽内油量不足，供油压力难以稳定	拆机解决内部漏油问题
油槽油温异常	油槽油温过高	电加热器的温度调节器温度整定值过高	重新设定温度调节器温度整定值
		油冷却器的冷却水量不足 1）供水阀开度不够 2）油冷却器设计容量不足	1）开打供水阀 2）更换油冷却器
		油冷却器冷却水管内脏污或堵塞	清洗油冷却器冷却水管
		轴承温度过高引起油槽油温过高	疏通管道
		机壳上部油气分离器分离网严重堵塞	拆换分离网
	油槽油温过低	油冷却器冷却水量过大	关小冷却水量阀
		电加热器的温度调节器温度整定值过低，油槽油温上不去	重新设定温度调节器温度整定值
		制冷剂大量溶入油槽内，使油槽油温下降	使电加热器较长时间加热油槽，使油温上升
油泵不转	油泵不转，油泵指示灯也不亮	油泵连续起动后，油泵电动机过热	减少起动次数
		进口导叶未关闭，主电动机起动转矩过大，起动柜上断路器跳闸，油泵无法起动	起动时关闭进口导叶
	油泵不转，油泵指示灯亮	油泵电动机三相接线反位，造成油泵反转	调整三相接线
		油泵电动机通电后，由于电动机不良造成油泵不转	检查电动机
	油泵转动后又马上停转	油泵超负荷，电动机烧损	选用更大型电动机
		油泵电动机内混入杂质	拆检油泵电动机

表 3-14 离心式热泵机组的腐蚀常见故障分析与排除方法

故障现象	原因分析	排除方法
机组内腐蚀	机组内气密性差,使湿空气渗入	重新检漏,做气密性试验
	漏水、漏载冷剂	检修漏水部位,将机组内进行干燥处理
	压缩机排气温度达 100℃ 以上,使制冷剂发生分解	在压缩机中间级喷射制冷剂液体,降低排气温度
油槽系统腐蚀	油加热器升温过高而油量过少	保持油槽中的正常油位
管子或管板腐蚀	冷冻水、冷却水的水质不好	进行水处理,改善水质,在冷冻水中加缓蚀剂,安装过滤器,控制 pH 值

3.3.3 热泵机组的维护保养

1. 活塞式热泵机组维护保养

当机组正常运转、监测温度达到调定值的下限时，温度控制器动作，压缩机自动停机，停机后一般不进行操作处理；当制冷系统出现故障时，制冷空调装置自动化控制和保护已非常完善，停机操作大多简单易行，即按“OFF”或“0”按钮停止机组运行→10min 后再停水泵→切断电源；若装置的自动化程度较差需要手动停车时，一般可按下述方法进行停机及保养。

（1）日常停机 机组在正常运行过程中，因为定期维修或其他非故障性的主动方式停机，称为机组的日常停机。有的空调制冷装置，如开启式制冷机组，停机之后轴封等处容易发生制冷剂的泄漏，应设法将制冷剂从低压区排入高压区，以减少泄漏量。其操作过程如下：

1）在停机前关闭储液器（或冷凝器）出液阀，使低压表压力接近 0MPa（或稍高于大气压力）。原因是从出液阀到压缩机的这段低压区域容易发生泄漏，使低压区压力接近大气压，目的是减少停机时制冷剂的泄漏量。

2）停止压缩机运转，关闭压缩机的吸气阀和排气阀，目的是缩小制冷系统的泄漏范围。

3）若有手动卸载装置，将油分配阀手柄转到“0”位。

4）待 10min 后，关闭冷却水泵（或冷凝风机）和冷媒水泵（或冷风机），切断电源。

（2）季节性停机 空调制冷装置如需要长期停用，则要对制冷系统和电气系统做好妥善处理。其操作过程如下。

1）提前开启冷凝水泵或冷凝风机，保证制冷剂能尽快冷凝，以防高压压力过高。

2）将低压控制器的控制线短接，使其失去作用，避免因吸气压力过低造成压缩机的中途停机。

3）关闭储液器（或冷凝器）的出液阀，起动压缩机，让压缩机把低压区（主要是蒸发器）的制冷剂排入高压区（冷凝器和储液器）。

4）当压缩机低压表指针接近 0MPa 时，使压缩机停机。

5）若压缩机停机后，低压表指针迅速回升，则说明系统中还有较多的制冷剂，应再次起动压缩机，继续抽吸低压区的制冷剂。

6）若停机后低压压力缓缓上升，可在低压表指针回升至0MPa(或稍高于大气压）时，立即关闭压缩机吸、排气阀。

7）如果压缩机停机后，低压表指针在0MPa以下不回升，则可稍开分油器手动回油阀或打开出液阀，从高压区放回少许制冷剂，使低压区的压力保持在表压0.02MPa左右。

8）关闭冷却水的水泵或风冷冷凝器的冷却风扇。

9）装置长期停用或越冬时，应将所有循环水全部排空，避免冻裂。

10）将阀杆的密封帽旋紧，将系统所有油污擦净，以便于重新起动时检查漏点。

（3）日常保养

1）日常运行时的维护保养。活塞式热泵压缩机的日常维护、保养应建立在日常的运行巡视检查基础上，只有这样，才能做到及时发现问题及故障隐患，以便及时采取措施进行必要的调整和处理，以避免设备事故和运行事故的发生而造成不必要的经济损失。

活塞式热泵压缩机在日常运行检查中应注意以下问题：

① 压缩机的油位、油压、油温是否正常。

② 压缩机各摩擦部位温度是否正常。

③ 压缩机运转声音是否正常。

④ 冷却系统水温、水量是否正常。

⑤ 能量调节机构的动作是否灵活。

⑥ 压缩机轴封或其他部位的泄漏情况。

2）日常停机时的维护保养。

① 外表面的擦洗。要求设备表面无锈蚀、无油污，漆见本色，铁见光。

② 检查地脚螺栓、紧固螺栓是否松动。

③ 检查联轴器是否牢靠，传动带是否完好，松紧度是否合适。对于采用联轴器连接传动的开启式制冷压缩机，停机后应通过对联轴器减振橡胶套磨损情况的检查，判断压缩机与电动机轴的同轴度是否超出规定，如超出规定，应卸下电动机紧固螺栓，以压缩机轴为基准，用百分表（图3-59）重新找正，然后将紧固螺栓拧紧。

④ 检查润滑系统，保持润滑油油量适当、油路畅通、油标醒目。若油量不足应补充到位。加油前，应检查润滑油是否污染变质，若已污染变质，应进行彻底更换，并清洗油过滤器、油箱、油冷却器、输油管道等装置。

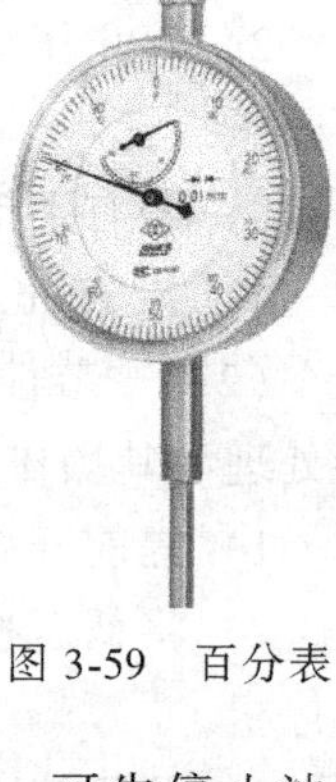

⑤ 制冷剂的补充。停机后应检查高压储液器的液位，偏低时应通过加液阀进行补充。中、小型活塞式机组一般不设高压储液器，可根据运行记录判断制冷剂的循环量，决定是否需要补充制冷剂。

图3-59　百分表

⑥ 油加热器的管理。大、中型活塞式热泵压缩机曲轴箱底部装有油加热器，停机后不允许停止油加热器的工作，应继续对润滑油加热，保证油温不低于30℃。清洗油过滤器输油管道及更换润滑油时，必须切断电源，可先停止油加热器的工作，待清洗工作结束后恢复油加热器的工作，不允许先放油再停止油加热器工作，否则有烧坏油加热器的可能。清洗时应注意对油加热器的保护，防止碰坏。必要时可用万用表欧姆档测量油加热器电热丝的电阻值，没有阻值或阻值无穷大时，说明电热丝已短路或断路，应进行更换。

⑦ 冷却水、冷媒水的管理。停机后应将冷却水全部放掉，清洗水过滤网，检修运行时漏水、渗水的阀门和水管接头。对于冷媒水，在确认水质符合要求后可不放掉，若水量不足，可补充新水并按比例添加缓蚀剂。停机时间安排在冬季时，必须将系统中所有积水全部放净，防止冻裂事故发生。油冷却器、氨压缩机气缸水套另设供水回路时，应同时将积水放净。

⑧ 泄漏检查。停机期间，必须对机组所有密封部位进行泄漏检查，尤其是开启式压缩机的轴封，更应仔细进行检查。除采用洗涤剂（或肥皂液）、卤素灯（图3-60）进行检查外，还应对紧固螺栓、外套螺母进行防松检查。对于半封闭压缩机，电动机引线接线柱处的密封也需注意检查。

⑨ 卸载装置的检查。短期停机时，只对卸载装置的能量调节阀和电磁阀进行检查，发现连接电磁阀的铜管、外套螺母等处有油迹时应进行修补，同时对连接铜管进行吹污，并对供油电磁阀进行“开启”和“关闭”的试验，确保其正常工作。检查电磁阀时，可根据电磁阀线圈的额定工作电压，用外接电源进行检查。

图3-60 卤素灯

⑩ 阀片密封性能的检查。停机时应对吸、排气阀片进行密封检查，同时检查阀座密封线有无脏物或磨损，检查的同时应进行清洗。阀片变形、裂纹、积炭时应予以更换，新更换的阀片应与密封线进行对研，确保密封性能良好。

3）活塞式热泵压缩机的维护保养。为使系统保持良好的运行状态，进行定期检查和保养使系统的可靠性增大；不需要做大的修理，即使需要修理，也只是小修；延长压缩机的寿命；压缩机的薄弱环节及引起故障的原因明确；对易损件、备用件可进行经济的管理；保持良好的运行效率；保养工作比较均衡。为了进行维护保养，可参照制造厂家的使用说明书及有关技术资料，编制详细管理计划表，有计划、有目的地对压缩机进行维护保养。

压缩机的长期停机是指停机几个月或更长时间。制冷设备在长期停机期间，一般不处于待用状态，故可进行较多的保养工作。设备检修一般也安排在长期停机期间。活塞式热泵压缩机长期停机时的维护保养应做好以下几方面工作。

① 按操作程序关机，防止制冷剂泄漏。活塞式热泵机停机时间较长时，为防止制冷剂泄漏损失，在停机时应先关闭供液阀，把制冷剂收进储液器或冷凝器内，然后切断电源进行保养。低压阀门普遍关闭不严，停机后会有少量制冷剂从高压侧返回低压侧（压力平衡后返回停止），为防止泄漏，必要时可将吸、排气阀门与管路连接的法兰拆开，加装盲板使压缩机与系统隔离开。

② 曲轴箱润滑油检查。经检查润滑油若没有污染变质时，可把润滑油放出，清洗曲轴箱、油过滤器，然后再把油加入曲轴箱内。若油量不足应补充到位。对于新运行的机组，应把润滑油全部换掉，换油后油加热器可不投入工作，待开机时根据规定提前对油加热。开启式压缩机停机期间可定期用手盘车，将油压入机组润滑部位，保证轴承的润滑和轴封的密封用油，并可防止因缺油引起的锈蚀。

③ 检查、清洗或更换进、排气阀片。压缩机气阀，尤其是排气阀片可能因疲劳而变形、产生裂纹，也可能因排气温度过高、润滑油积炭或其他脏物垫在阀片与阀座的密封线上，造

成关闭不严。保养时应打开缸盖进行检查，发现有变形、裂纹时必须进行更换，并对阀组清洗和进行密封性能试验。采用阀板结构的气阀，应检查阀板上阀片定位销、固定螺栓、锁紧螺母是否松动，阀板高低压隔腔垫是否被冲破，并进行阀片的密封性能试验。

④ 检查压缩机连杆。检查连杆螺栓有无松动或裂纹，防松垫片（图 3-61）或开口螺母上的定位销有无松动或折断。换下的定位销按规定不能重复使用，应更换新销子。

⑤ 检查清洗轴封组件。开启式压缩机多采用摩擦环式轴封，保养时应对轴封进行彻底清洗，不允许动环与静环密封面上有凹坑或划痕。同时检查密封橡胶圈的膨胀变形，更换时应采用耐氟、耐油的丁腈橡胶，不允许使用天然橡胶密封圈。轴封组件中的弹簧是关键零件，弹力过大、过小都是不合适的。保养时，将轴封套入轴上到位后，在弹力的作用下应能缓慢弹出才为合适，否则很难保证轴封不发生泄漏。

⑥ 检查清洗卸载机构。检查清洗卸载机构，特别是对顶开吸气阀片用的顶杆进行长度测量。顶杆长短不齐会造成工作时阀片不能很好地顶开或落下，这一点往往被忽视，应引起注意。

图 3-61　防松垫片

⑦ 检查缸盖、端盖上的螺栓。检查所有固定缸盖、端盖的螺栓有无松动或损坏。在运行中受压的螺栓不允许加力紧固，所以保养时应进行全面检查。为使螺栓受力均匀，应采用力矩扳手，禁止猛扳和加长力臂（在扳手上加套管）紧固螺栓。

⑧ 检查联轴器的同轴度。由于振动或紧固螺栓的松动，联轴器的轴线会发生偏移，造成振动、减振橡胶套的磨损加快、轴承温度上升、出现异常噪声，出现上述情况应进行检查和修复。采用带传动的小型热泵压缩机，当用手下压传动带，下垂 1~2cm 时应视为松紧合适。传动带打滑、老化时，应更换所有的传动带，若只换其中一根或数根，会因传动带长短不一，工作时单根受力而很快拉长或断裂。

⑨ 安全保护装置的检查。机组上的油压差控制器，高、低压控制器，安全阀等保护装置都直接与机组连接，是非常重要的保护装置。在规定压力或温度下不动作时，应对其设定值进行重新调整。

⑩ 校验各指示仪表。全面检查冷却系统、清理水池、冲洗管道、清除冷凝器及压缩机水套中的污垢及杂物。经过保养的热泵机运行前必须进行气密性试验，确保密封性能良好，运行安全。

2. 螺杆式热泵机组维护保养

螺杆式热泵机组也是利用低温制冷剂气体的压缩，高温、高压制冷剂气体的冷凝，再对液态制冷剂的节流降压和液态制冷剂的蒸发吸热来完成制冷循环的。与活塞式热泵压缩机组相比，除了压缩机本体结构不同外，其他附属设备基本相同。因此，它们的维护、保养等具有一定的共性。

螺杆式热泵机组年度维修保养能保证机组长期正常运行，延长机组的使用寿命，同时也能节省制冷能耗。对于螺杆式热泵机组，应有运行记录，记录下机组的运行情况，而且要建立维修技术档案。完整的技术资料有助于发现故障隐患，及早采取措施，以防故障出现。

（1）日常运行时的维护保养　螺杆式热泵压缩机组在日常运行检查中应注意以下问题：

1）机组在运转中的振动情况是否正常。

2）机组在运转中的声音是否异常。

3）机组在运转中压缩机本体温度是否过高或过低。

4）机组在运转中压缩机本体结霜情况。

5）能量调节机构的动作是否灵活。

6）轴封处的泄漏情况及轴封部位的温度是否正常。

7）润滑油温度、压力及液位是否正常。

8）电动机与压缩机的同轴度是否在允许范围内。

9）电动机运转中的温升是否正常。

10）电动机运转中的声音、气味是否有异常。

（2）日常停机时的维护保养

1）检查机组内的油位高度，油量不足时应立即补充。

2）检查油加热器是否处于“自动”加热状态，油箱内的油温是否控制在规定温度范围，如果达不到要求，则应立即查明原因，进行处理。

3）检查制冷剂液位高度，结合机组运行时的情况，如果表明系统内制冷剂不足，则应及时予以补充。

4）检查判断系统内是否有空气，如果有，要及时排放。

5）检查电线是否发热，接头是否有松动。

（3）螺杆式热泵压缩机的维护保养　螺杆式热泵压缩机是机组中非常关键的部件，压缩机的好坏直接关系到机组的稳定性。由于目前螺杆式热泵压缩机制造材料和制造工艺的不断改善，许多厂家制造的螺杆式热泵压缩机寿命都有了显著的提高。如果压缩机发生故障，由于螺杆式热泵压缩机的安装精度要求较高，一般都需要请厂方来进行维护。

3. 离心式热泵机组维护保养

离心式热泵通常用于大型中央空调系统，对制冷量需求较大的场合。离心式热泵压缩机有单级和多级之分，单级即在压缩机主轴上只有一个叶轮，广泛用于空调系统，提供 7℃左右的冷媒水。离心式热泵机易损件少，无须经常拆修。一般规定使用 1~5 年后，对机组全面检修一次，平时只需做好维护保养工作。

（1）日常运行时的维护保养

1）离心式热泵压缩机的维护保养。

① 严格监视油槽内的油位。机组在正常运行时，机壳下部油槽的油位必须处于油位长视镜中央（如为上、下两个圆视镜时，油位必须在上圆视镜的中横线位置）。对新启用的机组必须在起动前根据使用说明书的规定加足冷冻机油。对于定期检修的机组，由于油泵及油系统中的残余油不可能完全排净，故再次充灌时必须以单独运转油泵时油位处于视镜中央为正常油位。油位过高将使小齿轮浸于油中，运转时产生油的飞溅，油温急剧上升，油压剧烈波动，由于轴承无法正常工作而导致故障停机。油位太低，则油系统中循环油量不足，供油压力过低且油压表指针波动，轴承油膜破坏，因而导致故障停机。但必须注意机组起动过程中的油位指示与机组运行约 4h 后油位指示的区别。机组在起动过程中，油中溶有大量制冷剂，即使油槽油温在 55℃，由于润滑油系统尚未正常工作，仍然不能较大限度地排出油中混入的制冷剂。因此，在热泵机组运转时，油槽油位上部产生大量的泡沫和油雾，溶入油中的制冷剂因油温升高不断地汽化、挥发、逸出，通过压缩机顶部平衡管与进气室相通进入压

缩机流道。当压缩机运行约4h后，由于制冷剂从油中排出，油槽油位将迅速下降，并趋于平衡在某一油位上。如果机组在运行中油槽油位下降至最低限位以下时，应在油泵和机组不停转的情况下，通过润滑油系统上的加油阀向油系统补充符合标准的冷冻机油。如果油槽油位一直有逐渐下降的趋势，则说明有漏油的部位，应停机检查处理。

② 严格监视供油压力。离心式热泵机组正常的供油压力状态如下：

a. 可通过油压调节阀的开和关来调节油压的大小。

b. 油压表上指针摆动幅度≤±50kPa。

c. 油压不得呈持续下降趋势。如果机组在运转中加大导叶开度（即加大负荷），则油压虽有一定的下降趋势，但在导叶角度稳定之后应立即恢复稳定。故在运行时导叶的开大，必须谨慎缓慢，切忌过快过猛。一般在机组起动后，进口导叶开启前，油泵的总供油压力一般应调在0.3~0.4MPa（表压）。为了保证压缩机的良好润滑，油过滤器（图3-62）后的油压与蒸发器内的压力差一般控制在0.15~0.19MPa，不得小于0.08MPa，控制和稳定总油压差的目的是保证轴承的强制润滑和冷却，确保压缩机主电动机内部气封封住油以致不内漏，保证供油压力和油槽上部空间负压的稳定。

d. 在进行油压调整时，必须注意在机组起动过程及进口导叶开度过小时，油压表的读数（与油槽压力差）均高于0.15~0.19MPa。但当机组处于额定工况正常运行时，该油压差值必须小于压缩机的出口压力，只有这样，主轴与主电动机轴上的充气密封才能阻止油漏入压缩机内。

图3-62　油过滤器

③ 严格监视油槽油温和各轴承温度。离心式热泵机组在运转中，为了保持油质一定的黏度，确保轴承润滑和油膜的形成，保证制冷剂在油中具有最小的溶解度和最大的挥发度，必须使油槽油温控制在50~65℃，并与各轴承温度相协调。运行实践证明，油槽油温与最高轴承温度之差一般控制在2~3℃，各轴承温度应高于油槽的油温。机组在正常运转中，由于润滑油的作用，将轴承的发热量带回油槽，因此油槽的油温总是随轴承温度的上升而上升。如果主轴上的推力轴承温度急剧上升，虽低于70℃还未达到报警停机值，但与油槽内的油温差值已大于2~3℃，此时则应考虑开大油冷却器的冷却水量，使供油温度逐渐降低，最高轴承温度和油槽油温也将相应降低。如果轴承温度与油槽油温的差值仍远超出2~3℃，但轴承温度不再上升，可采用油冷却水量和水温调节；如果轴承温度仍继续上升，则应考虑停机进行检修。

④ 严格监视压缩机和整个机组的振动及异常声音。离心式热泵机组在运行中，如果某一部位发生故障或事故的征兆，就会发生异常的振动和噪声。如压缩机、主电动机、油泵、抽气回收装置、接管法兰、底座等所产生的各种形式的振动现象，必须及时排除。这是离心热泵机组日常维护和保养的重要内容之一。离心式热泵压缩机在运行中可能产生振动的原因有：

a. 机组内部清洁度较差，各种污垢层积存于叶轮流道上，尤其是在叶轮进口处积垢达到1~2mm时，就有可能破坏转动件已有的平衡状态而引起机组振动，故必须保持机组内部清洁。为此应做到：在设备大修时，对蒸发器和冷凝器筒体内壁、机壳和增速箱体内壁、主

电动机壳体内壁等与制冷剂接触的部位所使用的防腐蚀、防锈涂料必须确保与制冷剂不相溶和无起皮脱落，以避免落入压缩机流道内部，造成积垢。必须确保制冷剂的纯度和符合质量标准，并应定期抽样化验。尤其是对制冷剂中的水分、油分、凝析物等必须符合标准要求，避免器壁的锈蚀和积垢。注意运行检查，如发现蒸发器、冷凝器传热管漏水，必须停机检修。确保机组密封性和真空度要求，避免外部空气、水分及其他不凝性气体渗入机组内，一旦发现系统不凝性气体过多，则必须用抽气回收装置进行排除。定期检修和清洗浮球室前过滤网。

b. 转子与固定元件相碰撞。离心式热泵压缩机属于高速旋转的机械，其转子与固定元件之间各部位均有一定的配合间隙，如叶轮进出口部位与蜗壳、机壳之间；径向滑动轴承与主轴之间；推力轴承与推力盘之间等。当润滑油膜破坏时，将会引起碰撞，叶轮与蜗壳、机壳之间的碰撞，将会使铝合金叶轮磨损甚至破碎。叶轮的磨损或破碎又会使转子的平衡受到破坏，从而引起转子剧烈振动或破坏事故。如润滑油太脏，成分不纯，混入大量制冷剂，油压的过低或过高，油路的堵塞或供油的突然中断等，都可能导致轴承油膜的无法形成或破坏，这也是引起压缩机转子振动破坏的直接或间接原因。

c. 压缩机在进行大修装配过程中，如果轴承的同轴度、齿轮的正确啮合、联轴器的对中、推力盘与推力块工作面之间的平行度、机组的水平度、装配状态达不到技术要求，也是造成压缩机转子振动的原因。

此外，离心式热泵压缩机的喘振和堵塞都将会引起机组的强烈振动，甚至引起破坏性的后果。在机组运行中，油泵故障也会造成油泵和油系统发出强噪声和产生剧烈振动，这可由产生振动的部位和观察油压表指针的摆动状态来加以判断。还有抽气回收装置中由于传动带的松紧不当或装配质量问题也会引起装置的剧烈振动，此时可切断抽气回收装置与冷凝器、蒸发器的连通阀，在不停机情况下检修抽气回收装置。

⑤ 严格控制润滑油的质量和认真进行油路维护。冷冻机油如果由微红色变为红褐色，透明度变暗，则说明润滑油中悬浮着有机酸、聚合物、醋和金属盐等腐蚀产物。此时润滑油的表面张力下降，腐蚀性增加，油质变坏，则必须进行更换。在进行润滑油的更换时，必须使用与原润滑油同牌号、符合技术条件的润滑油，绝不允许使用其他牌号或不符合技术标准的润滑油。

对润滑系统的维护管理应做到以下几点：

a. 一般情况下应每年更换一次润滑油，更换时应对油槽做一次彻底清洗，以清除油槽中所有沉积的污物、锈渣，并不得留下纤维残物。

b. 对于带有双油过滤器的离心式热泵机组应根据油过滤器前后的油压表读数之差来判断油过滤器内部脏物堵塞的程度，随时进行油过滤器的切换，以使用干净的油过滤器。对于只有一个油过滤器的离心式热泵机组，应根据具体情况在停机期间进行清洗滤芯和滤网。如发现滤网破裂，应立即更换。

c. 在热泵机组的每次起动时，应先检查油泵及油系统是否处于良好状态后才能决定是否与主机联锁起动，如有异常应处理后再起动。

d. 油压力表应在使用有效期内，供油压力不稳定时不准起动机组。

e. 油槽底部的电加热器在机组起动和停机时必须接通。如果长期停机但机组内有残存的制冷剂时，则需长期接通。机组运行中，可根据情况断开或接通，但不论在任何情况下，必须保证油槽油温在50~65℃，过低和过高均需要调节。

f. 机组在起动和停机时应关闭油冷却器的供水阀。在长期运行中应根据油槽中润滑油的温度情况随时调整冷却水量。一般应以最高轴承温度为调整基准。

2）主电动机的维护保养。

① 机组在运行中应严格监视主电动机的运行电流大小的变化。离心式热泵压缩机组在正常运行中，其主电动机的运行电流应在机组额定工况与最小工况下运行电流值之间波动。一般主电动机应禁止超负荷运行，也就是说主电动机在运行中其电流不得超过其额定电流值。

在运行中，主电动机电流表指针的有些小摆动是由于电网电压的波动所造成的。但有时由于电源三相的不平衡及电压的波动，机组负荷的变化以及主电动机绝缘不正常也会造成电流表指针周期性或不规则的大幅度摆动。若出现这些情况，则应及时进行调整和排除。

② 应严格注意主电动机的起动过程。为了保护主电动机，必须坚决避免在冷态连续起动两次、在热态连续起动一次和在1h内起动三次。这是由于，一方面主电动机在起动过程中，起动电流一般是正常运行的7倍，如此大的起动电流会使主电动机绕组发热，加速绝缘老化，缩短电动机寿命，同时还造成很大的线路电压降而影响其他电器设备的运行；另一方面由于起动过程中转矩是不断变化的，对联轴器的连接部位（如齿轮联轴器的齿面）和叶轮轴连接部位（如键）等都会产生冲击作用，甚至发生破坏和断裂。

③ 严格监视主电动机的冷却状况。采用制冷剂喷射冷却的封闭式主电动机的离心式热泵机组应注意冷却用制冷剂的纯度及是否发生水解作用。因为冷却主电动机用的制冷剂液体中如果含有过量的水分和酸分，会给绕组带来不良影响而使绝缘电阻下降。高压主电动机绝缘电阻值应大于10MΩ，低压主电动机绝缘电阻值应大于1MΩ。造成封闭式主电动机的绝缘电阻下降的原因如下：

a. 主电动机绕组的吸湿、老化、出现间隙而产生的电晕、缺相运行而烧坏和冷却不良而烧坏等。

b. 冷却用制冷剂液体含水量过多。

c. 冷却用制冷剂液体喷射而造成电动机绕组表面绝缘的剥离。

d. 冷却用制冷剂液体的水解而带有过多的酸分，腐蚀绕组，造成绝缘恶化并使绝缘电阻下降。

e. 由于制冷剂的过冷而使主电动机壳体表面结露时，容易产生接线柱的吸湿。因此，应及时调节冷却用制冷剂液体的供液量，或对接线柱部位加以封闭覆盖等措施。主电动机处于运行状态时，其表面温度应以手触摸时无冷热感觉，以不过热和不结露为宜。表面的过冷和过热都会损伤主电动机，并降低其使用寿命。尤其在机组负荷变化时，必须注意主电动机表面的温度。

④ 严格注意主电动机绕组温度的变化。绕组温度的测定，一般是由装在绕组中的探测线圈和控制柜上的温度仪来显示的。对于封闭式主电动机，其绕组的温升必须控制在100℃以下。由于温度的升高会使制冷剂分解而产生HCl，破坏绕组绝缘。

⑤ 严格监视接线柱部位的气密性。应注意拧紧主电动机接线柱螺栓和导线螺栓，注意压紧螺栓的松紧应均匀，并不得压坏绝缘物。螺栓的松动将会导致气密性不良，使连接部位发热、熔化，造成绝缘物的变形和变质，甚至断路。

3）抽气回收装置的维护保养。在离心式热泵机组中，其抽气回收装置一般为一个独立的系统，必要时可以关闭与冷凝器、蒸发器相通的管路，进行单独维护保养。抽气回收装置在机组的运行中一般采用自动方式启、停和工作，因此应做到以下几点：

① 严格监视离心式压缩机和油分离器（图3-63）的油位。

② 严格监视回收冷凝器内制冷剂的液位。如果看不到液位，则说明回收冷凝器效果不好，应检查供冷却液管路和过滤器是否堵塞。如果放气阀中所排除的不凝性气体中制冷剂气体较多，则应检查回收冷凝器顶部的浮球阀是否卡死。

图3-63　油分离器

③ 如果自动排气的放气阀达到规定的压力值还不能打开放气时，则应停止抽气回收装置的运行，对排气阀进行检修。

④ 抽气回收装置频繁地起动则说明机组内有大量空气漏入。在热泵机组起动前或起动过程中，一般采用手动操作抽气回收装置，每次运转的时间以冷凝压力下降和活塞压缩机电动机外壳不过热为限，一般每次连续运转时间小于30min。

⑤ 如该装置长期未用可短时开机，以使压缩机部分得以润滑。

⑥ 如果热泵机组不需要排除不凝性气体，则该装置也应每天或隔几天运转15~20min。

（2）每季度运行时的维护保养

1）完成所有的每日保养工作。

2）清洁水管系统所有的过滤器。

（3）每半年运行时的维护保养

1）完成每季度的维护保养工作。

2）润滑导叶执行器处的连接轴承、球形接头和支点；根据需要，滴几滴轻机油。

3）旋下固定螺钉，在第一级叶片操作柄的O形圈处滴几滴润滑油，再拧紧固定螺栓。对有的压缩机，则需要同时旋下进出孔的固定螺栓，然后注入油脂，直至油脂溢出，再拧上螺栓。

4）移开管塞，滴几滴润滑油润滑过滤器截止阀的O形圈，最后放回管塞。

5）用一个真空容器抽取防爆片腔内和排气装置管路内的杂物，如果排气装置使用过于频繁，就需要经常进行这项工作。

6）在导叶驱动器曲轴上滴几滴机油，让它铺开成为一层很薄的油膜，这样可以保护曲轴不受潮生锈。

（4）年度停机时的维护保养

1）机组在年度停机期间，要确保控制面板通电。这是为了使排气装置维持运行状态，避免空气进入热泵机组；同时，可以使油加热器保持加热状态。

2）抽气回收装置的维护保养。

3）用冰水混合物来确认蒸发器制冷剂温度传感器（图3-64）的精度是否在±2.0℃的公差范围，如果蒸发器制冷剂温度传感器的读数超出4℃的误差范围，就要更换该传感器（如果该传感器一直暴露在超过它普通运行温度范围-18~32℃的极限环境中，就需要每半年检查一次它的精度）。

4）压缩机润滑油的更换。

5）更换油过滤器。一般每年、每次换油或机组运转时油压不稳定，都应更换油过滤器。

6）检查冷凝管是否脏，必要时进行清洗工作。

7）测量压缩机电动机绕组的绝缘电阻。

8）进行热泵机的泄漏测试，这对那些需要经常进行排气的机组来说尤为重要。

9）每三年对冷凝器和蒸发器的换热管进行一次无损测试（根据热泵机所处环境的不同，管道测试的周期会不尽相同，这对运行条件苛刻的机组来说，频率要高一些）。

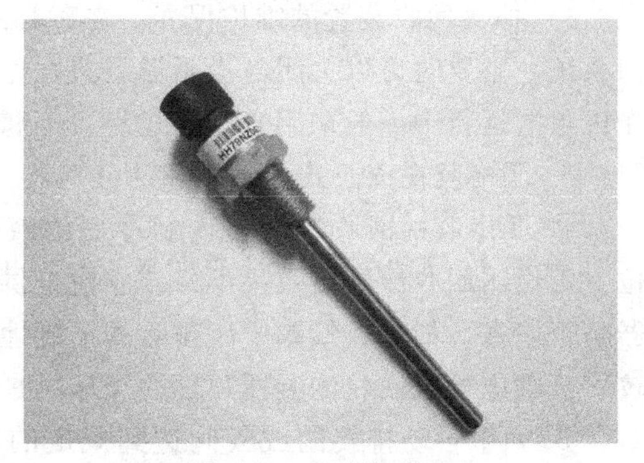

图 3-64　温度传感器

10）根据机组实际的运转情况，决定何时对机组进行全面的检测，以检查压缩机和机组内部部件的状况。

思考与练习

3-1　空调制冷系统中，冷凝器的作用是什么？

3-2　阐述热泵机组的试运行状况。

3-3　离心式热泵机组的优缺点是什么？

3-4　螺杆式热泵机组制冷量调节方法有哪些？

第4章　多　联　机

4.1　学习目标

4.1.1　基本目标

1）熟悉多联机的分类及组成。

2）掌握多联机开停机程序和正常运行的标志。

3）掌握多联机的维护保养。

4）熟悉多联机的操作。

4.1.2　终极目标

掌握多联机的运行维护与故障处理，保障多联机正常运行。

4.2　工作任务

根据不同种类的多联机，完成机组相关设备的操作，能够排除一般的常见故障，保障机组设备正常运行。

4.3　相关知识

1982年，日本大金公司开发出楼宇用VRV(Variable Refrigerant Volume）多联式空调系统，这种精致灵活的智能化中央空调系统打破了传统中央空调模式，可对系统内的室内机进行个别控制。1987年，大金变频VRV诞生，开始了VRV在空调业界的变频浪潮。VRV的温度控制精确性、节能性有了实质性的飞跃。1989年，大金冰蓄冷、第一代水冷和热回收VRV诞生。1990年，涡旋式变频20VRV问世。VRV的容量逐渐扩充，运转范围不断扩大，产品种类不断增加。1995年，应市场需求推出了大容量的VRV Plus。1997年，环保型新冷媒HFC407C开始在VRV产品中采用，推动了VRV在空调业界的新能源浪潮，使越来越多的厂商致力于对新冷媒的研究。1999年，热驱式VRV诞生。2001年，节能型HFC470C VRV诞生。2003年，第二代大型化VRVⅡ诞生，直流变频技术的运用使VRV的节能性有了进一步提高。2006年，新一代高效VRVⅢ在全球上市。2008年，实现了低温条件下高效制热的二级压缩VRV。2009年，大金VRVⅢ空调系统节能性大幅度提高，最高IPLV（C）可达5.4。同时大金将拥有人性化送风方式——环绕气流的室内机形式引入我国市场。2010年，VRV与水系统完美结合的最新型水源热泵VRV进入我国市场，秉承了VRV诸多优势，并可通过水环路与多种冷/热源形式结合，是一款可灵活适用于超高层/大型建筑的低碳排放的VRV系统。

多联机在20世纪90年代初引入我国。1996年，清华大学开始研究多联机，海尔开始生产AC变频多联机。1999年美的与东芝合作，生产出国内第一台交流变频多联机。2001年美的与谷轮合作，生产出国内第一台数码多联机。2002年美的自主研发的第一台交流变频多联机下线。2005年，格力生产出国内第一台低温热泵多联机。2006年，海尔生产出国内第一台DC变频多联机，格力生产出国内第一台全热回收型多联机。2010年后，国内各企业均研发出制冷、制热、生活热水多联机。数据显示，目前多联机是我国中央空调市场整体规模最大的产品系列。据统计，在2010年度的行业发展报告中，多联机市场的占有率达到36%，增长率超过10%。同样，2011年度报告中，多联机更是延续了上一年度的增长率和占有率。相关专家表示，由于多联机在技术方面存在较多优势，如系统设计安装简单、节能显著、分户控制、机组性强等诸多特点，已经广泛应用在综合性的办公场所和商场内，多联机需求的增长在以往的项目中已有诸多的体现。

4.3.1 多联机简介

最近几年，多联机空调系统由于在节能、智能化、管理、占空间小和外形美观等方面的优点，在各类建筑中应用较多，如办公楼、娱乐场所、商场、超市、医院门诊楼、病房大楼、轻工业和食品制造业的生产车间等。20世纪90年代初期，多联空调机引进我国时仅在一些小型的工程上应用，近十几年随着我国经济的快速发展，国力不断增强，目前，全国各地在中大型工程上应用多联空调系统的已屡见不鲜了。多联机空调系统的智能化技术给用户在管理或计量方面带来很多的方便，因此越来越受到用户的欢迎。

多联机俗称“一拖多”，指的是一台室外机通过配管连接两台或两台以上室内机，室外侧采用风冷换热形式、室内侧采用直接蒸发换热形式。多联机是一种一次制冷剂空调系统，它以制冷剂为输送介质，室外主机由室外侧热交换器、压缩机和其他制冷附件组成，末端装置是由直接蒸发式热交换器和风机组成的室内机。一台室外机通过管路能够向若干台室内机输送制冷剂液体。通过控制压缩机的制冷剂循环量和进入室内各热交换器的制冷剂流量，可以适时地满足室内冷、热负荷要求。多联机系统具有节能、舒适、运转平稳等诸多优点，而且各房间可独立调节，能满足不同房间不同空调负荷的需求。但该系统控制复杂，对管材材质、制造工艺、现场焊接等方面要求非常高，且其初投资比较高。

多联机示意图如图4-1所示。

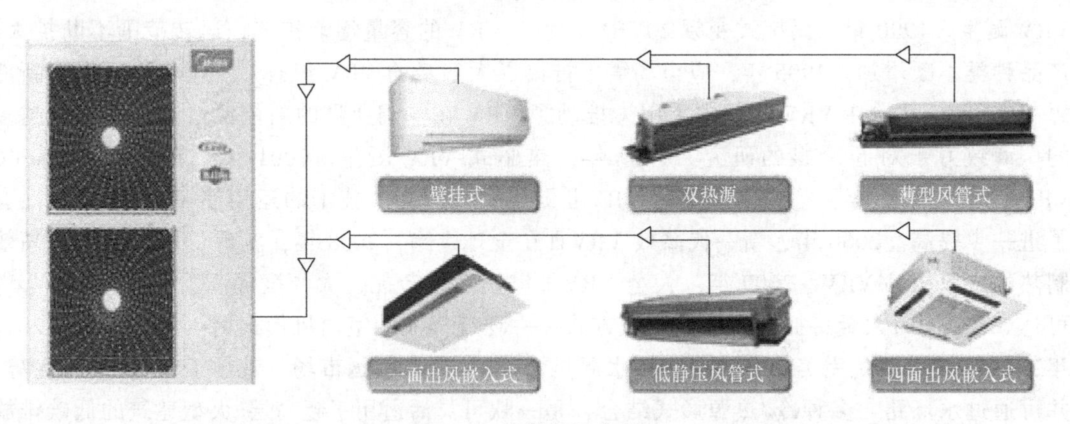

图4-1 多联机示意图

与传统的中央空调系统相比，多联机中央空调具有以下优点：节约能源、运行费用低；控制先进，运行可靠；机组适应性好，制冷制热温度范围宽；设计自由度高，安装和计费方便。缺点：新风问题需特殊处理；室内机匹配有限制要求；制冷剂接头多，易渗漏。

国内在售多联机主要品牌有日韩、欧美、国产三类，日韩品牌市场占有率较大，国内美的、格力等紧随其后，另外主要的生产企业还有上海三菱、青岛海尔、江苏春兰、青岛海信、海信科龙、特灵空调、广东欧科、奥克斯、江森自控、大连三洋等，产品类型主要是电力驱动的风冷热泵多联机占绝大多数（约99%），变容量调节中直流调速和数码涡旋是主要方式，前者为主（约87%），后者约占10%，另外水源热泵多联机得到较快发展，目前主要应用于夏热冬冷和寒冷地区（均超过40%）。

国家标准GB/T 18837—2015《多联式空调（热泵）机组》规定了多联式空调（热泵）机组的定义、形式和基本参数、技术要求、试验、检验规则、标志、包装、运输和贮存等。该标准覆盖了变频、变容、固频等所有的多联机机型，由于中国的情况比较特殊（许多国家没有多联式机组的说法），国外很多10kW以下的机组都采用固定搭配，所以总体上来说，没有可以参照的标准，但GB/T 18837—2015标准引用了国际上比较先进的测试方法（如美国ARI的测试方法）。GB/T 18837—2015标准总体来说比较完善，不只是局限于一拖多的传统意义上的多联机（一至两个压缩机共用整组室外热交换器），对于有多个压缩机的室外机组，也可以参照此标准。考虑到多联机大多数时间运行在部分负荷系数的状态下，GB/T 18837—2015标准还引用了美国制冷与空调协会的综合部分性能系数（IPLV）概念，标准规定以100%、75%、50%、25%的效率为基数，再乘以相应的性能系数，综合得到部分性能系数。该系数比较真实地反映了系统的节能情况，使标准具有了先进标准的特色。业内有人认为，GB/T 18837—2015标准规定了测试机械能效比的室外环境测试温度为28℃，也比较科学。

2008年，我国制定了国家标准GB 21454—2008《多联式空调（热泵）机组能效限定值及能源效率等级》，该标准规定了多联式空调（热泵）机组的制冷综合性能系数IPLV（C）限定值、节能评价值、能源效率等级的判定方法、试验方法及检验规则，适用于气候类型为T1的多联式空调（热泵）机组，不适用于双制冷循环系统和多制冷循环系统的机组。2010年，我国又推出了多联机空调系统工程技术规程行业标准JGJ 174—2010，该标准适用于在新建、改建、扩建的工业与民用建筑中，以变制冷剂流量多联分体式空调机组为主要冷热源的空调工程的设计、施工及验收，自2010年9月1日起实施。

1. 多联机分类

多联机空调系统（VRV）是为适应空调机组集中化使用需求在分体式和多联式空调系统基础上发展起来的一种新型制冷剂空调系统。多联机空调（热泵）机组（简称多联机）是一台或者数台不同或者相同形式、容量的直接蒸发式室内机构成单一循环制冷系统，它可以向一个或者数个区域直接提供处理后的空气。

多联机VRV空调系统的工作原理与普通蒸汽压缩式制冷系统相同，其由压缩机、冷凝器、风机、节流部件、蒸发器和控制系统组成。与普通蒸汽压缩式制冷装置不同的是，热泵型VRV空调系统室内、室外侧换热器都具有冷凝器和蒸发器的双重功能。多联机VRV空调系统的系统原理上与分体式空调相同，只是一台室外机可带多台室内机，如大金VRVⅢ空调，一台室外机最多可连接48台室内机，只要一条制冷剂管道便可在容量比8%～130%的范围内将 48 台不同型号室内机连接于一台室外机，48 台室内机可同时运转，也可按不同的需要单独运转。

伴随着人们对空调需求的逐步提高，多联机在功能、室内机的结构形式以及适应的气候类型方面有了不同程度的拓展，以适应这种需求，因此多联机产品涵盖的范围较广。

1）按照热源方式可分为风冷式、水冷式和地源式。

2）从产品的功能上分为单冷型、热泵型和电热型。

3）按照不同的结构形式可分为落地式、挂壁式、吊顶式、嵌入式、暗装式和风管式。

4）按照不同的使用环境条件可分为温带型（T1：43℃）、低温型（T2：35℃）、高温型（T3：52℃）。

5）按照压缩机类型可分为定频多联机、交流变频多联机、数码涡旋多联机和直流变频多联机。

目前，业内习惯按压缩机容量调节方式来划分多联机的类型。由于转速可控型技术是通过调节压缩机转速改变制冷剂流量的，主要采用交流变频或直流调速技术，鉴于技术演变过程的惯性等原因，业内都习惯将这两类多联机称为“变频多联机”，只是在名称前添加定语，分别称为“交流变频多联机”或“直流变频多联机”（但“直流变频”的说法是错误的，准确地应为“直流调速”）。而目前成熟的容量可控型技术是采用数码涡旋压缩机实现的，它通过调节涡旋压缩机定涡旋盘和动涡旋盘的啮合时间（占空比）来改变制冷剂流量，故业内简称为“数码涡旋多联机”。

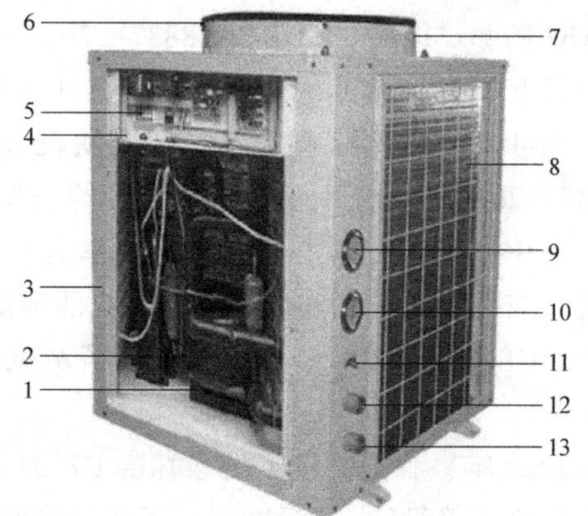

图 4-2　空气能热泵多联机组外机结构示意图

1—换热器　2—压缩机　3—机组体　4—电板架　5—电路板　6—风机　7—风机顶盖　8—翅片蒸发器　9—高压压力表　10—低压压力表　11—维修阀　12—热水出口　13—冷水进口

2. 多联机的组成

多联机组的主要结构与其他空调系统一样，由压缩机、冷凝器、蒸发器和节流等部件构成，差异只在于其采用多压缩机并联提供制冷。图 4-2 为空气能热泵多联机组外机结构示意图。

单冷型直流变频多联式空调机组工作过程如图 4-3 所示。其工作过程大致如下：接通电源，室内外机开始工作。制冷运行时，来自各个室内机热交换器的低温、低压制冷剂气体汇合后被压缩机吸入压缩成高温、高压气体，排入室外机热交换器，与室外侧空气进行热交换而成为制冷剂液体，经过分歧接头或分歧集管分流至各个室内机，再经节流元件节流降压、降温后进入室内机热交换器，与室内需调节的空气进行热交换而成为低温、低压制冷剂气体，如此周而复始地循环，达到制冷的目的。

3. 多联机的安装施工

多联机的运行成功与否，30%取决于设计，50%取决于施工，20%跟产品的质量有关。由于多联机每个模块体积都很小，其运输、安装具有很强便捷性，基本上省去了大型机组吊装、运输、安装设备和人工成本；在管道敷设方面，多联机冷媒管道是细铜管，因而与常规的水系统相比，其敷设具有优势。

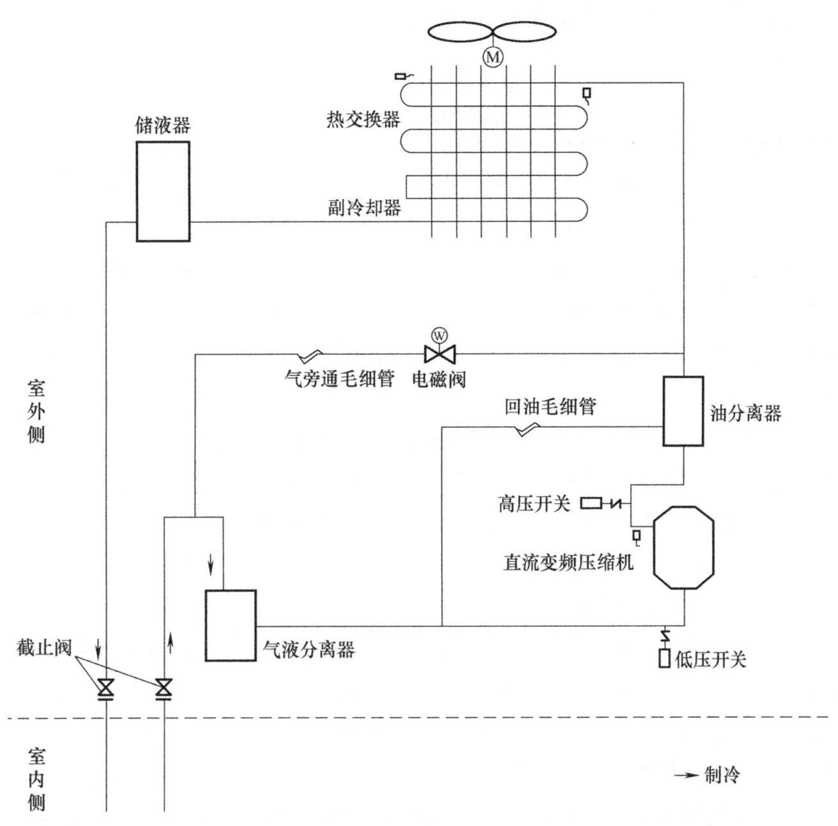

图 4-3　单冷型直流变频多联式空调机组工作过程示意图

多联机的安装专业性比较强，包括冷媒管管径的选择、冷媒分配器的布置和冷媒焊接前抗氧化措施的采用，包括冷媒管抽真空，内机的负荷选取，出风口、送风口的选择等各方面，都影响到多联机的效果。

（1）室内机　室内机的安装位置应高于地面 2.3m，不得有障碍物阻挡进出风，应留有易于操作及维护的空间，且该位置能使室内温度分布均匀。较大容量机器应该加装送、回风管道，风管和风口的设置应该能达到降噪减振的作用。

（2）室外机　室外机的安装位置应设置于通风良好且干燥的地方，为保持空气流畅，室外机的前后、左右应留有一定的空间。当室外机安装在屋顶平台或阳台时，应有高出地面 200mm 以上的基座平台，机组与平台应按设计规范安装隔振器（垫）。

室外机应安装固定在平台或者专用座机板上。如安装固定在墙上，要通过悬吊架来吊装室外机，做法和强度必须经过设计计算得出。当楼板强度不够时，必须采取加固措施。室外机固定时，采用 M12 的固定螺栓。5HP、8HP、10HP 室外机为 4 个固定点；16HP、20HP 室外机为 6 个固定点；24HP、30HP 室外机为 8 个固定点。室外机与基础之间接触应紧密，否则会产生较大的振动噪声。安装在平台或屋面时，要采取防雷措施。机体本身要有可靠的接地。管道穿墙处必须密封，不得有雨水渗入。

室外机应远离电磁波辐射源，间距至少在 3m 以上。室外机的噪声及排风不应影响到邻居及周围通风。机组后侧及左右两侧的运行噪声会比前侧噪声值高。不应将室外机安装于季风可以直接吹到室外机热交换器的地方或建筑物间隙风可以直接吹到的室外机风扇的地方。

在人行道路旁的建筑物上安装的空调室外设备，其托板底面距道路面的高度不得低于 2.5m。空调室外设备的出风口与相对方门窗的最小距离见表 4-1。

表 4-1　空调室外设备的出风口与相对方门窗的最小距离

机组额定电功率 N/kW	与相对方门窗的最小距离/m
$2<N\leqslant5$	4
$5<N\leqslant10$	5
$10<N\leqslant30$	6

机组安装在屋顶或阳台的情况下，天气寒冷时排水会结冰，应避免在人常走动的地方排水，以防滑倒。

在冰雪覆盖地区安装室外机时，要在室外机排风侧和热交换器吸风侧加防雪罩。

应将室外机安装于阴凉处，避免安装在有阳光直射或高温热源直接辐射的地方。

不应安装于多尘或污染严重处，以防室外机热交换器堵塞。

不应将室外机设置于有油污、盐或含硫等有害气体成分的地方。

应将室外机安装在屋顶等除了维修人员以外其他人不宜靠近的地方。

（3）配管　冷媒管为去鳞无缝纯铜管拉制。冷凝水管为 UPVC 管，保温材质为橡塑保温。冷凝水管管径 $d\leqslant12.7$mm，保温管管径 $D=15$mm。室外冷媒管道保温厚度增加 10mm，外缠稀松布，涂三层防晒漆。冷凝水管的保温层厚度通常为 10mm。

风管保温：敷设在非空调房间里的送回风管，采用离心玻璃棉保温时保温层厚度为 40mm；敷设在空调房间里的送回风管，采用离心玻璃棉保温时保温层厚度为 25mm。采用橡塑材料或其他材料时应根据设计要求或计算得出。

（4）支架的安装

1）冷媒管：配管固定采用角钢支架、托架或圆钢吊架，“U”型管卡或扁钢在保温层外固定，保温材料原则上不允许压缩，以保证其效果。建议较大工程采用角钢做支撑。

支架、吊架、托架形式、做法要符合设计要求。设计没有要求的，可参照《暖通空调设计选用手册》中国标 T616 或按以下规定处理：

① 横管固定：可采用斜撑角钢支架/倒“T”型或“L”型角钢托架或者圆钢吊架。角钢采用 30mm×30mm×3mm 的等边角钢，圆钢直径为 8mm。

② 立管固定：管卡处应使用圆形木垫代替保温材料，“U”型管卡在圆木外固定。圆木应进行防腐处理。

支架、吊架、托架的制作要达到承重要求，安装前进行防腐、除锈处理，埋入墙内的部分不得刷防腐油漆。

制冷机管道的支架、吊架、托架之间的最小间距见表 4-2。

表 4-2　制冷机管道的支架、吊架、托架之间的最小间距

管道外径/mm	≤20	20~40	≥40
横管间距/m	1.0	1.5	2.0
立管间距/m	1.5	2.0	2.5

2）冷凝水管：通常横管 0.8~1.0m，立管 1.5~2m 且每根立管不得少于 2 个。冷凝水

管的坡度应该在 0.01 以上，主管的坡度不得小于 0.003，且不得出现倒坡。

（5）制冷剂充注　系统制冷剂充注量=室外机充注量+系统液管充注量+室内机充注量。

室外机出厂时已充注完成，需要追缴充注的只有系统液管和室内机。

1）系统液管充注标准。（FSG、FS3、FS5 系列）R22 冷媒注入量见表 4-3，（FSN 系列）R410A 冷媒注入量见表 4-4。

表 4-3　（FSG、FS3、FS5 系列）R22 冷媒注入量

液管尺寸/mm	6.35	9.53	12.70	15.88	19.05	22.2
冷媒注入量/(kg/m)	0.026	0.065	0.120	0.195	0.300	—

表 4-4　（FSN 系列）R410A 冷媒注入量

液管尺寸/mm	6.35	9.53	12.70	15.88	19.05	22.2
冷媒注入量/(kg/m)	0.030	0.070	0.120	0.190	0.280	0.390

2）室内机充注标准。FSG、FS3、FS5 系列室内机充注标准见表 4-5。

表 4-5　FSG、FS3、FS5 系列室内机充注标准

容量	型号	加充量/kg
28 型	RPI-28FSG1Q，RCI-28FSG2Q，RCD-28FSG1Q，RPK-28FSGMQ，RPF-28FSGEQ，RPFI-28FSGEQ	0.9
40 型	RPI-40FSG1Q，RCI-40FSG2Q，RCD-40FSG1Q，RPK-40FSGMQ	0.9
56 型	RPI-56FSG1Q，RCI-56FSG2Q，RCD-56FSG1Q，RPK-56FSGMQ，RPC-56FSG1Q	1.4
65 型	RPK-65FSGMQ	1.4
71 型	RPI-71FSG1Q，RPI-71FSG2Q，RCD-71FSG1Q，RPC-71FSGQ	1.5
80 型	RPI-80FSG1Q，RPI-80FSG2Q，RCD-80FSG1Q，RPC-80FSG1Q	1.5
112 型	RPI-112FSG1Q，RPI-112FSG2Q，RCD-112FSG1Q，RPC-112FSG1Q	2.3
140 型	RPI-140FSG1Q，RPI-140FSG2Q，RCD-140FSG1Q，RPC-140FSG1Q	2.6

室内机台数低于表 4-6 中数值时不需要充注制冷剂。

表 4-6　不需要充注制冷剂的室内机台数

室外机	室内机台数 n/台	室外机制冷剂充注量 W_0/kg
RAS-140FS3Q	3	5.4
RAS-224FS3Q，RAS-224FSGQ	5	10.0
RAS-280FS3Q，RAS-280FSGQ	5	11.5
RAS-450FS3Q	4	16.0
RAS-560FS3Q	4	22.0

注：1. n 为不需附加制冷剂的室内机台数。

2. W_0 为室外机在出厂前所追加的制冷剂量。

FSN 系列：224 型和 280 型室内机追加制冷剂量为 1kg/台。

注意：

① 室外机高于室内机时最大高度差不得超过 50m，室内机高于室外机时最大高度差不得超过 40m。

② 室内机相互之间最大高度差不得超过 15m。

③ 系统第一级分支距最远室内机的最大管路长度：室外机为 5HP、8HP、10HP、16HP、20HP 时为 30m，室外机为 24HP、30HP 时为 40m。

④ 最长配管（最不利回路）长度：室外机为 5HP、8HP、10HP、16HP、20HP 时为 100m，室外机为 24HP、30HP 时为 120m。

⑤ 室内机与室外机之间的气管立管每升高 10m 需安装一个回油弯头（存油弯头）。

⑥ 当分歧管到负荷为 1.5HP（40）、2HP（56）和 2.3HP（63）的室内机的距离大于或等于 15m 时，将此段的液管外径由 6.35mm 变为 9.53mm。

4.3.2 多联机的运行管理

多联机运行时不用专人管理，室内外机通过控制系统实现全部自动控制，各个厂家都配有各种款式的遥控器、线控器、集控器、周定时器、网络控制等多种功能控制器，操作简单、明了。控制器以及室外机电路板显示器均可显示设备运行数据和故障码，维修保养人员可以通过显示的数据和代码及时、准确、全面掌握设备运转情况。

变频多联机系统是冷媒直接蒸发制冷系统，它不需类似冷水机组的大规模保养，只需简单清洗室内机过滤网和室外机散热翅片。同时系统分散，如一幢大楼变频多联机系统，当一套系统发生故障时，只修理这套系统即可，不会影响到其他系统的正常工作。

1. 多联机开机操作程序

多联机组种类繁多，不同类型机组的起动略有差别，下面以风冷式冷水热泵机组为例，介绍机组的起动步骤。

1）接通机组电源，通过控制面板上的“MODE”按钮选择制冷或制热，然后按控制面板上的“ON/OFF”按钮起动机组运行。

2）待机组系统运转稳定后（运转 30min 以上），检查机组各项参数以确保机组正常运转：

① 检查机组水流量和水压是否稳定，是否在正常范围内。

② 检测机组高低压力。机组正常运转低压为 0.34~0.586MPa，高压为 1.38~2.07MPa。(不同品牌的高低压参数略有差异，具体以厂家参数为准)

③ 检查压缩机电流是否正常。

④ 检查电源是否工作正常。

⑤ 检查液体管视液镜内是否存在水分。

⑥ 检测系统过热度。在 ARI 条件（进水温度为 12.2℃，出水温度为 6.7℃，环境温度为 35℃）下，各回路正常情况下的过热度应在 5~8℃。若任一回路测量值不符合，则应调节膨胀阀上的过热设定。每次调节需间隔 15~30min 等待读数稳定。

⑦ 检测系统过冷度。在 ARI 条件下，正常情况下每一回路的过冷度为 5~10℃，若任一回路测量值不在范围内，则应进行必要的调整。若调整后仍不正常，则需联系专业维修人员。

⑧ 若运转压力过低、过冷度低，则表示制冷剂不足。查找是否存在泄漏点并进行修理，再从低压管充填制冷剂到回路中，直至系统工作压力正常。

⑨ 若工作压力显示制冷剂过量，则需从液体管处慢慢回收制冷剂，减少冷冻机油损失。

3）确定所有感温器的安装位置是否正确，感温器毛细管是否牢固，以免产生振动和磨损。

4）检查机组，清理废弃物、工具和零件。固定所有外壳钣金件，将螺钉装回原位。

注意：

① 液视镜内的气泡可能表示制冷剂不足或液体管压降过大。但气泡并不一定表示系统运转不正常。

② 液视镜清晰并不一定表示系统制冷剂充足，请务必把系统过热、过冷、操作压力和环境温度等列入考虑。

③ 若高压和低压压力过低，而过冷度正常，则不是制冷剂不足，再注入制冷剂会造成制冷剂过量。

2. 多联机的常见故障及排查

常见内外机通信故障有内机地址码拨码重复、拨码不到位、误拨网络地址码，信号线星形连接、信号线质量不好、信号线过长或受到干扰信号偏弱，某处 P、Q、E 之间导通等。

故障表现为室内机定时灯快闪、外机点检内机台数减少或变化不定，某些内机不制冷（热）等。

内外机通信故障处理流程，如图 4-4 所示。

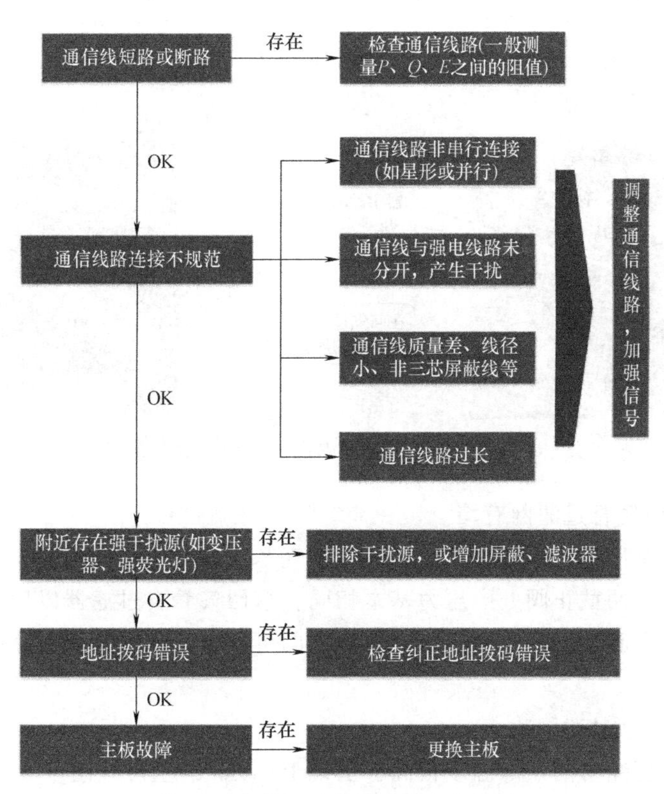

图 4-4　内外机通信故障处理流程图

一般信号偏弱处理方法（图 4-5）：使用合格的三芯屏蔽线，按照规范连接每台内机后，如果发现信号偏弱，可以尝试在末端内机和室外机 P、Q 之间接一个 120Ω 的电阻。

（1）变频多联机压缩机高温保护　线控器上出现 P0、P4 保护，一般原因是压缩机吸气量不够或没有吸气量，总结起来有以下四种原因：

1）系统缺冷媒。

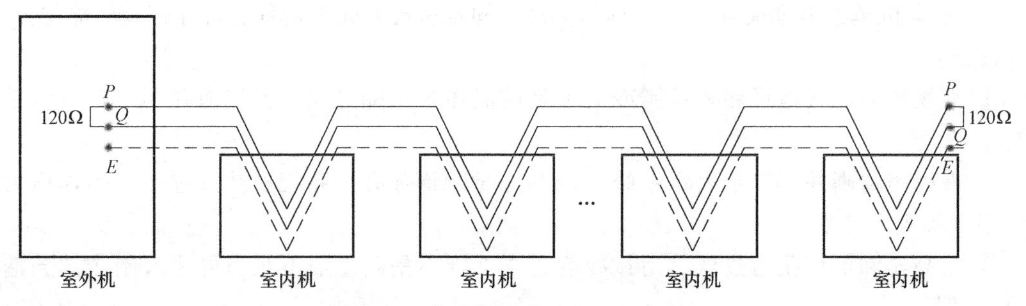

图 4-5 信号偏弱处理办法示意图

表现症状：所有压缩机的顶部温度、排气温度都较高，回气管可能有结霜，排回气压力低、电流低。追加冷媒即可解决。

2）压缩机回气管过滤网脏堵。

表现症状：此压缩机的顶部温度很高，出现 P0 或 P4 保护，但排气温度并不高，其他的一台或几台压缩机顶部温度很低；原因是此故障压缩机吸不到冷媒，致使冷媒偏流至其他压缩机，导致其他压缩机吸气量过大。

解决方案：将此故障压缩机的吸气管取下，清理一下吸气过滤网。回气过滤器内铜片及杂质如图 4-6 所示。

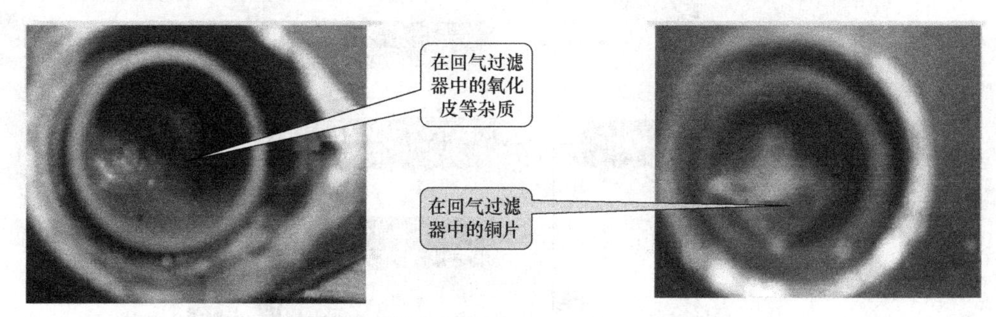

图 4-6 回气过滤器内铜片及杂质示意图

3）室外机总回气管过滤网有堵。

表现症状：所有压缩机顶部温度过高，而排气基本没有温度和压力，制热时不能推动四通阀换向；气、液管两截止阀处的压力基本相同；总回气管自过滤器以后全部结霜。

解决方案：若是脏堵，清洗总回气管过滤网即可；若是冰堵，需用过滤器清除系统中的水分。

4）压缩机回气管过滤网冰堵。

表现症状：此压缩机的顶部温度很高，出现 P4 保护，但排气温度并不高，其他的一台或几台压缩机顶部温度很低；但停机再重起后，水分可能又迁移到另一台压缩机回气过滤网处，导致 P0 或 P4 保护。

解决方案：冰堵不是很严重的情况，可以用干燥过滤器清除系统中的水分。如果冰堵很严重，系统中水分较多，则用干燥过滤器基本很难除掉水分，彻底解决的方法是换掉系统中的含有水分的冷冻机油和冷媒，用干燥氮气吹洗系统。

（2）四通阀不能换向或四通阀串气

1）故障表现症状：

① 无换向声音，制冷（热）效果差。

② 四通阀下侧中间一根管温度偏高，高压低、低压高。

2）故障解决：

① 常见情况为系统含有焊渣等杂质，卡住四通阀滑块；此时需在开机的前提下给四通阀频繁地通电、掉电（220V，对于V3、V4、D3、D4系统可将ST1端子点接到SV1接口上），同时用锤子多次重击四通阀，利用冷媒冲力推动滑块。

② 系统追加错误型号的润滑油或其他化学物质，腐蚀四通阀内的橡胶件；此时需更换四通阀并清洗系统，更换润滑油。

③ 四通阀卡死导致系统持续高温高压，打坏四通阀内滑块；需更换四通阀，寻找四通阀卡住的原因。

（3）电子膨胀阀故障　故障表现症状：制冷（热）效果不好，或者内机不开，但是面板、钣金、电控盒等地方会有凝露水，甚至滴水。

故障一：电子膨胀阀打不开或关不死

1）阀体没有动作声音，或者动作声音较小。

故障分析解决：

① 驱动线圈没接线或接触不良（图4-7），或电控板故障。

② 线圈在阀体上安装不到位，造成控制不良。

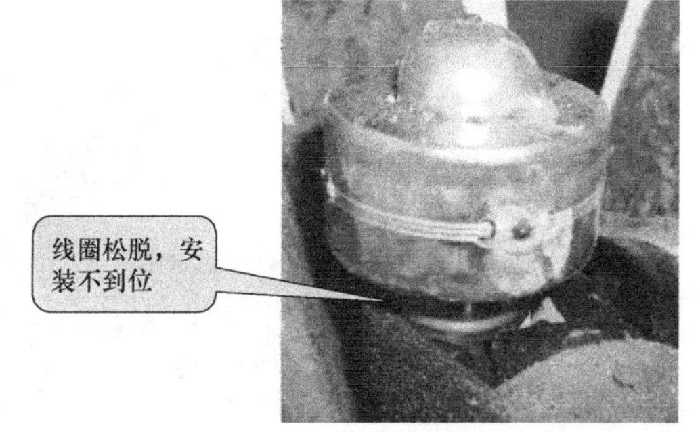

图4-7　线圈松脱情况示意图

2）阀体动作声音正常，安装无松动。

故障分析解决：由于系统有较多的氧化皮、焊渣等杂质，把电子膨胀阀组件的过滤网堵了。可对该EXV反复通电、断电（对于室内机，可用遥控器反复开关此台内机，同时用手感觉节流部件的动作及冷媒的流动；对于室外机，在给系统上电后3min，EXV会先关死再开至一定的开度，也可用手感觉到）的同时，用硬物敲打该阀体，利用冷媒的冲击力冲开障碍物；若此法不可行，则需更换阀体并清洗系统。

故障二：个别内机掉电，膨胀阀常开

故障分析：室内机没有统一供电，突然断电的室内机的EXV阀仍保持一定的开度，大量冷媒从此流过，此台室内机将有凝露，其他室内机制冷效果不好。室内机没有统一供电还有可能造成系统大量回液，严重影响压缩机的可靠性，故要求同一系统的室内机必须统一供电。

（4）V4、P6故障处理

1）确认接线是否正确，直流母线连接是否正确，模块控制线是否接好。检查接线流程如图4-8所示。

2）确认变频模块是否正常。变频模块检测流程如图4-9所示。

3）确认变频压缩机电气安全特性是否正常。

第一步，检查变频压缩机变频模块流程如图4-10所示。

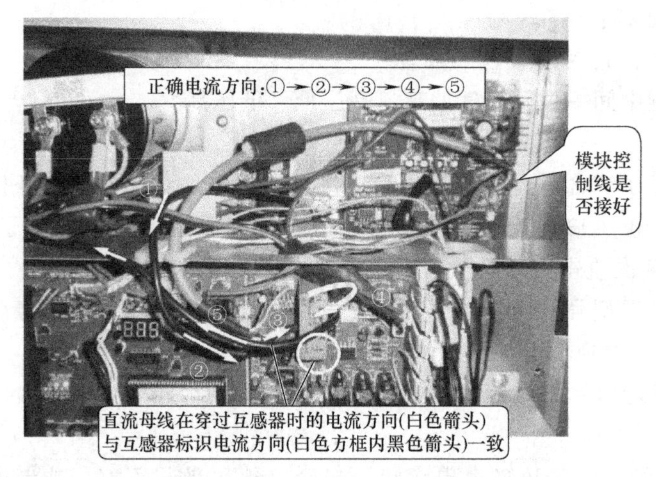

图 4-8　检查接线流程示意图

1.测量P、N间直流电压应为当时当地输入电压(210～230V)的1.41倍左右

2.测量①、②间直流电压应在510～580V之间

3.分别测量①、②、③、④、⑤之间的电阻，应为无穷大。如接近于0，则表明模块已击穿，需要更换

图 4-9　变频模块检测流程示意图

第二步，判断压缩机是否故障流程如图 4-11 所示。

注意事项：检查变频模块注意事项如图 4-12 所示。

（5）制冷（热）效果不好常见原因

1）设计负荷偏小，配管长，落差大，室内机台数偏多。

2）管径或分歧管用错，导致室内机之间偏流严重。

3）系统冷媒追加量不正确或系统有漏。

4）室外机有故障，或热交换器、滤网脏。

5）EXV 故障或室内机未统一供电且某些室内机断电。

6）室内（外）侧送回风短路或室外侧安装环境不利于散热。

7）室内机电容偏小、系统漏风、风管过长、风阻过大等。

8）室内机地址码重复或不正确，能力码与内机型号不符。

（6）案例分析

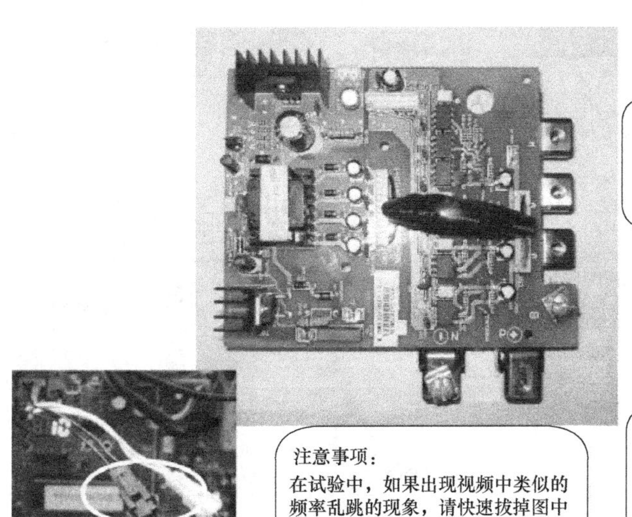

图 4-10　检查变频压缩机变频模块流程示意图

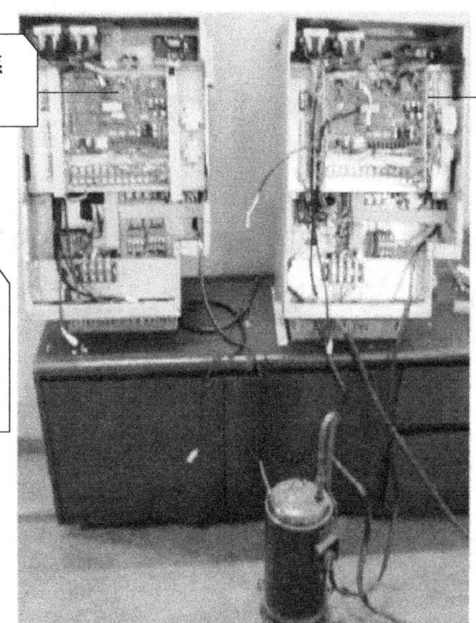

图 4-11　判断压缩机是否故障流程示意图

1）数码多联频繁烧压缩机案例分析。

案例一：D3 系统内机供电不规范造成液击频繁烧压缩机

故障现象：某工程 D3 16HP+12HP 两台并联，出现过电流保护，多次更换压缩机不能解决问题，前后共烧了 4 台压缩机（主机 3 台，从机 1 台）。

故障分析：

① 机房和办公室空调公用一套系统（办公室 10 台内机，机房 2 台内机）。

② 内机没有统一供电，分两组电源开关控制。下班后，只有机房 2 台空调有电。

注意事项：
连接压缩机前需要先确认压缩机电气安全特性，以免发生危险：
1.分别测量U、V、W三个端子两两之间的电阻，要求在0.9～5Ω之间而且三个测量值基本相等(如图A、B)
2.分别测量U、V、W三个端子的对地电阻(如图C)，示数应如图D所示为兆欧级，如果显示为几欧的阻值表示压缩机已坏，切勿接入电控！直接更换压缩机即可

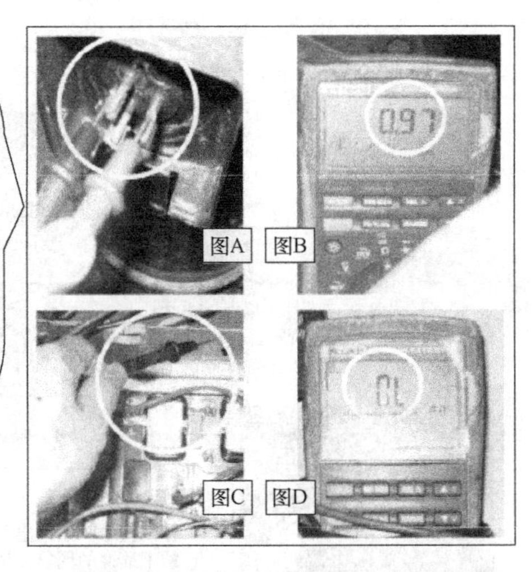

图 4-12　检查变频模块注意事项

③ 首次出现烧压缩机维修时，没有对供电问题整改，没有更换受污染的冷冻机油。

故障处理：

① 更换故障压缩机，更换系统所有受污染的冷冻机油。

② 整改内机供电，采用统一供电。

案例二：D3 系统安装不规范造成液击频繁烧压缩机（图 4-13）

故障现象：某工程 D3 16HP＋16HP＋16HP 3 台并联，出现压缩机高温、过电流保护，多次更换压缩机不能解决问题，前后共烧了 5 台压缩机（主机 3 台，从机 2 台）。

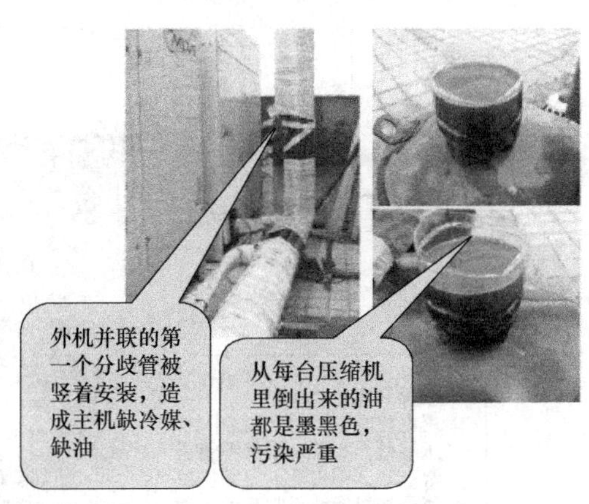

图 4-13　压缩机烧坏案例

故障分析：

① 外机并联分歧管安装不规范，造成主机缺冷媒、缺油。

② 首次出现烧压缩机维修时，没有对管路整改，没有更换受污染的冷冻机油。

故障处理：

① 更换故障压缩机，更换系统所有受污染的冷冻机油。

② 整改外机并联管路。

小结：

数码多联系统频繁烧压缩机故障主要原因：

① 同一套系统内机没有统一供电，部分内机经常断电，造成系统严重液击。

② 外机并联管路安装不规范，造成偏流，部分机器缺冷媒、缺油。

③ 在维修时没有分析找出故障起因并及时整改，更换压缩机时，没有更换系统中受污染的冷冻机油。

2）V3 系统脏堵烧压缩机案例分析。故障现象：某工程 V3 16HP，安装运行一个月后，出现 P6 模块保护。

处理过程：

① 更换新模块后开机还是P6保护。

② 压缩机U、W之间电阻只有0.4Ω，其余两端都有2.5Ω，压缩机已经烧毁。

③ 更换压缩机制热运行，四通阀不能进行正常的换向，经过30min对四通阀的敲打才正常换向，运行5min后总回气管上的过滤器出口开始结霜，15min后第一个定频压缩机出现排气保护。

④ 将系统过滤器取下检查，发现过滤器严重脏堵。

⑤ 清洗系统中各主要过滤器，更换系统压缩机油，系统恢复正常。

压缩机解剖分析如图4-14所示。

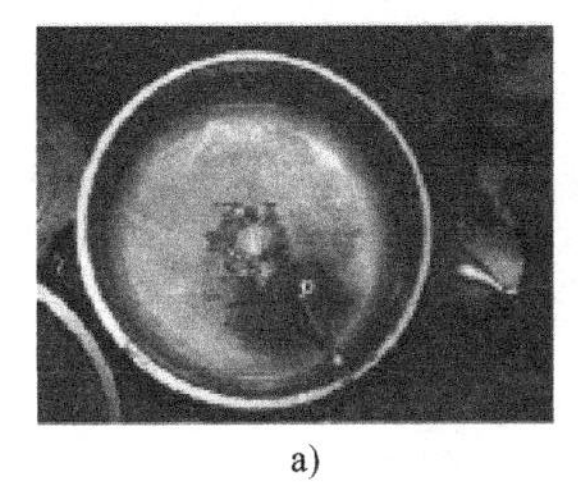
a)
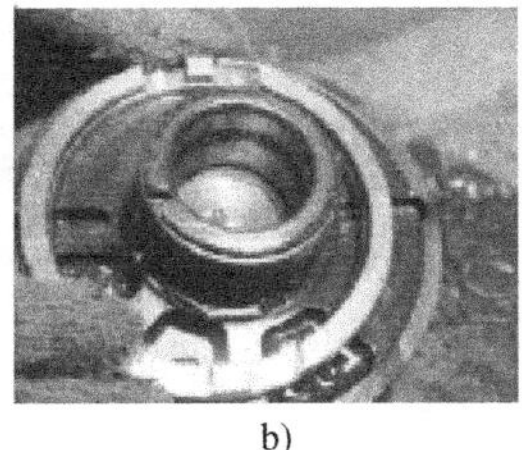
b)
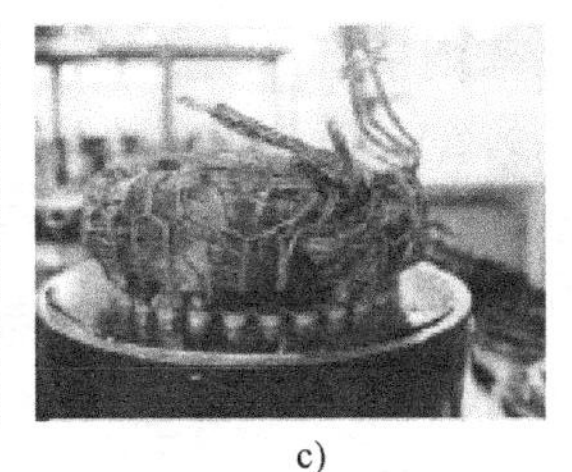
c)

d)

图4-14　压缩机解剖分析

a）底部有大量铜屑　b）轴套磨损严重　c）部分线圈烧毁　d）油量正常但有中度变质

总结分析：

① 系统铜杂质进入压缩机，造成压缩机过热运行导致电动机烧毁，或铜杂质割伤电动机绕组使绕组短路烧毁。

② 过滤器脏堵，回气压力过低，回气管段结霜；压缩机压缩循环量过低，高低压差过小，导致制热时四通阀换向不良，需要多次敲打才能正常换向。

③ 冷媒压缩循环量小，导致排气高温保护。

4.3.3　多联机的维护保养

多联机的保养与维护工作需要由合格的专业人员来完成。为了延长机组的使用寿命以及降低发生故障的可能，机组必须进行定期的停机保养。不同类型多联机的停机保养略有差异，下面以风冷式冷水热泵多联机组为例，介绍其停机保养的要点。

1. 日常停机保养

多联机系统短时间停机，只需按下控制面板上的“ON/OFF”键；如果需要较长时间的停机，还应切断主电源，若水管路上不存在额外防冻措施，则需要由水管路上的排水阀将水排尽。拧开供回水回路中的放水口，拧开水泵和板式热交换器底部的放水口，确保循环水放净。

日常保养内容主要包括：

1）在停机状态下，检查压缩机。

2）检查主机，如是否有异常的压缩机噪声，配电箱是否松动，管路是否泄漏，是否有异常振动等。

3）记录压力、温度等参数以及保养时间等数据。

2. 年度停机保养

1）检查水回路上的阀门与管路，检查水过滤器是否需要清洗，分析水质。若回路需要清洗则需专业人员协助。

2）清理腐蚀表面并重新上漆，检查配电箱门是否密闭。

3）检查水管路接管是否紧密，检查水泵及其相关部件，查看防冻剂是否需要补充。

4）检查压缩机。检查是否有异常的压缩机噪声，配电箱是否松动，管路是否泄漏，是否有异常振动等。

5）检查电磁接触器。

6）检查控制装置设定与工作情况。

7）检查制冷剂管路。

8）检查电动机线圈。

在机组长时间停机后再次开机时，需注意以下事项：

1）须由合格专业人员操作开机。

2）排出水回路中的空气并充满水。

3）打开水回路上的截止阀。

4）检查制冷剂管路是否密闭。

5）起动主机。

6）检查部件运转是否正常。

7）系统满载运行15~20min，检查压力状态及油位。

8）检查高低压是否正常。

注意：

① 无论是日常停机保养还是年度停机保养，务必切断主电源，否则可能导致人员伤亡及机组损坏。

② 机组长期运行必须由合格专业人员进行必要的保养与维护工作（至少每年一次）。

思考与练习

4-1 多联机主机都由哪些主要部件构成？多联机组可以怎样分类？

4-2 多联机组开机与停机都有哪些步骤？进行多联机组的开停机练习。

4-3 在多联机组日常运行中，需要注意什么？

4-4 练习解决多联机组常见故障。

4-5 多联机组都需要进行哪些养护？养护频率应为多少？

第5章　中央空调系统

5.1　学习目标

首先进行实践教学，在配备有空气热湿处理设备、空气净化设备、空气输送设备、冷热源设备、中央空调系统模型、常用工具、仪表齐全等条件下实习，指导学生了解和认识中央空调系统的组成和基本工作原理。让学生认识组合式空调机组，了解有关空调用冷水机组的结构及中央空调系统工作原理。

然后进行多媒体理论教学，指导学生掌握中央空调系统的任务和组成，学习中央空调系统各部分结构的特点及作用，了解空调系统的分类、特点及使用场所。让学生掌握中央空调系统的运行管理、节能措施及维护保养知识。

5.1.1　基本目标

1）熟悉中央空调系统的分类及组成。

2）掌握中央空调系统开停机程序和正常运行的标志。

3）掌握中央空调系统的维护保养。

4）熟悉中央空调系统的操作。

5.1.2　终极目标

掌握中央空调系统的运行维护与故障处理，保证中央空调系统正常运行。

5.2　工作任务

让学生认识了解中央空调系统的原理及各部分结构的作用，初步了解中央空调系统总体的特点。加上多媒体教学的辅助作用，使学生进一步掌握空调系统的运行管理和维护保养。

根据不同种类的中央空调系统，完成机组相关设备的操作，能够排除一般的常见故障，保证机组设备正常运行。

5.3　相关知识

5.3.1　中央空调系统简介

中央空调是“空调家族”的重要组成部分，“空调”是空气调节的简称。空调可分为中央空调和局部空调两大类。局部空调泛指窗式空调器、分体式空调器或分体式柜式空调器。除局部空调之外的空调统称为中央空调。中央空调原指用于大型工民建工程的集中式或半集中式的空调系统，而近年来又不断涌现出“商用中央空调”和“家用中央空调”新成员，可见中央空调的重要性和普遍性与日俱增。

中央空调系统由空气处理系统、空气输送和分配系统、冷热源和控制系统组成。空气处理系统是对空气进行降温、加热、加湿、除湿以及过滤净化等处理的系统，最常用的设备主要有组合式空气调节机组。空气输送和分配系统由引入室外空气的新风进入口或引入通道、输送处理过的空气的通风管道、各种不同类型的送风口和通风机等组成。冷、热源主要是指各类制冷（热）机组、锅炉等设备。控制系统主要是指控制室内温度、湿度偏差范围的测量元件、调节器、执行机构和调节机构等。

中央空调系统的分类如下：

（1）按空气处理设备的设置情况分类

1）集中空调系统：空气处理设备（包括风机、冷却器、加湿器和过滤器等）设置在一个集中的空调机房内。

2）半集中空调系统：除集中空调机房外，还在各空调房间（被调房间）设置末端设备，进行冷热交换。目前广泛应用于办公楼、写字楼、宾馆的风机盘管加新风机组就是典型的半集中空调系统。

3）全分散空调系统（局部机组）：冷、热源以及空气处理设备、空气输送设备集中在一个箱体内。例如，在每个空调房间装一个窗式空调器或分体式空调器都属于全分散系统。

（2）按负担室内负荷所用的介质分类

1）全空气空调系统：室内负荷全都由处理后的空气负担，用低于室内焓值的空气送入房间吸热除湿后排出。由于空气比热容小，所需风量大，因此风管断面大，风速高，可同时换气。

2）全水空调系统：室内负荷全靠水作为冷热介质来负担，水的比热容大，用水量小，管道断面小，但不能解决通风换气。

3）空气-水空调系统：室内负荷由空气和水共同负担。诱导空调系统和带新风的风机盘管系统，就属于这种类型。

4）冷剂空调系统：制冷系统的蒸发器直接放在室内吸热除湿。

目前，广泛使用的一拖多（多联机）系统就属于冷剂系统。典型的有大金的 VRV 数码涡旋系统。

（3）根据空调系统处理的空气来源分类

1）封闭式空调系统：空调设备处理的空气全部来自空调房间本身，无室外新风补充，全部为再循环空气。经济但不卫生。

2）直流式空调系统：空调设备处理的空气全部来自室外，处理空气送入室内，然后又全部排出室外。卫生但不经济。

3）混合式空调系统：以上两者结合。应用最广。

（4）根据节能方式分类

1）蓄能空调系统。①冰蓄冷空调系统；②水蓄冷空调系统。

2）地源热泵空调系统。①地下水水源热泵空调系统；②地埋管水源热泵空调系统；③地表水源热泵空调系统。

3）辐射供冷暖空调系统。①顶板辐射供冷暖系统；②地板辐射供冷暖系统；③毛细管辐射空调系统。

5.3.2　中央空调系统的运行管理

中央空调系统的故障分析也和制冷系统一样要在科学运行管理的基础上进行。为了把故障现象消除在萌芽状态，在中央空调系统的运行管理中要做到“三性”，即预见性、灵活性和稳定性；“四勤”，即勤巡回、勤观察、勤访问、勤调节；“五控制”，即控制门窗、控制机器露点、控制气流、控制洁净度、控制风道前后温差。

中央空调系统的常见故障包括冷水机组、空气处理设备、风管系统、水管系统、控制系统、机械和空调系统故障，冷水机组的故障在前面章节已经涉及，这里主要讲述空气处理设备、风管系统、水管系统、控制系统、机械和空调系统的故障处理。

1. 组合式空气处理机组的故障分析

组合式空气处理机组常见故障处理如下：

1）出风温度不正常。检查喷水室，如果喷嘴雾化效果不好，则热湿交换性能不好。检查喷嘴布置密度形式、级别等，对不合理的进行改造。检查挡水板的安装，测量挡水板对水滴的捕集效率。检查回水过滤器，如果堵塞或损坏，则应进行清洗或更换。调整喷水压力。

2）机组有水击声且有水外溢。检查热交换器冷凝水接水盘，疏通泄水管。检查凝水管坡度，如果达不到 1/100，则应进行维修。

3）出风有异味，检查电加热器，如果裸线式电加热丝粘有杂质，分解产生异味，则应更换为管式电加热器。

2. 风机盘管的故障分析

风机盘管的使用数量多、安装分散，维护保养和检修不到位都会严重影响其使用效果。风机盘管常见故障处理如下：

1）风量小或不出风。检查送风档位设置，调节到合适位置。检查过滤网并进行清洗。检查盘管肋片，清洗积尘，测量电压值。检查风机，若反转，则调换接线相序。

2）送风温度不正常。检查温度档位设置，调整到合适档位。检查盘管，若内有空气，则打开盘管放气阀排气。若前两者均正常，测量供水温度、水量是否异常，检查冷热源或开大水阀。检查盘管肋片，若氧化，则更换盘管。

3）振动与噪声偏大。检查风机轴承，若润滑不好或损坏，则加润滑油或更换。检查风机叶片，若积尘太多或损坏，则进行清洗或更换。检查风机叶轮与机壳，若有摩擦，则消除摩擦或更换风机。检查风机盘管进出风口连接处和供回水及排水管连接处，若不是软管连接，则更换为软管。检查风机盘管档位，若高速档下运行，则应调到中、低速档。检查固定风机的连接件，若松动则紧固。检查送风口百叶，若松动则紧固。

4）漏水。检查滴水盘，如果排水口（管）堵塞，用吸、通、吹、冲等方法疏通，如果排不出水或排水不畅，则加大排水管坡度或管径；如果滴水盘倾斜，则应调整使得水口处最低。检查放气阀，若未关，则关闭即可。检查各管接头连接处，如果连接不严密，则连接严密并紧固即可。

5）有异物吹出。检查过滤网，若破损及时更换。检查机组或风管，若积尘太多要进行清洗。检查风机叶片，若表面锈蚀需更换风机。检查盘管翅片，若氧化需更换盘管。检查机组或风管内保温材料，若破损应及时更换。

6）机组外壳结露。检查机组内保温材料，若破损或脱落，则应及时修补或更换。检查机壳，若破损或漏风，则应及时修补或更换。

7）凝结水排放不畅。检查外接管道，若水平坡度过小需调整坡度，若堵塞需进行疏通。

8）滴水盘结露。检查滴水盘底部保温层，若破损或脱落，则应及时修补黏结或更换。

3. 风管系统的故障分析

风管系统常见故障处理如下：

1）漏风。检查法兰，若连接不严密，则拧紧法兰处螺栓或更换橡胶垫即可。检查其他连接处，如果连接不严密，则用玻璃胶或万能胶封堵即可。

2）保温层脱落。检查保温层黏结剂，如失效可重新黏结牢固。检查保温钉，若脱落可拆下保温层，重新黏牢保温钉后再包保温层。

3）保温层受潮。检查风管，若风管漏风造成，则解决漏风问题即可。检查保温层或防潮层，若破损，则需将受潮或含水部分全部更换。

4）风阀。检查风阀，若转不动或不够灵活，如有异物卡住，去除异物即可；若传动连杆接头生锈，则需加煤油松动，并加润滑油。风阀关不严，若安装或使用后变形，校正即可；若质量有问题，更换即可。风阀活动百叶不能定位或定位后易松动、位移，若调控手柄不能定位，需改善定位条件；若活动叶片太松，则需适当紧固。

5）送风口结露甚至滴水。提高送风温度，使其高于室内空气露点温度2~3℃。

6）送风口吹风感太强。调小风口调节阀或增大风口面积，调整活动导叶到合适位置，如果均未改善，则需更换风口类型。

7）有些风口出风量过小。可调整支风管或风口阀门开大到合适开度，加大管道截面或提高风机全压。

8）风管路喘振。检查风机的减振支座、风机出风口处与送风管相连的软接头，风机入口处的圆形瓣式启动阀的开度处，如支座合理、软接头也完好无损，而启动阀位于最大位置(原来风机入口处的圆形瓣式启动阀的开度大约在60%)，则更换风机的带轮，降低风机转速，使风机的性能曲线向下移动，达到风机运转所产生的风量和风压与空调系统相匹配；或利用风机入口处的圆形瓣式启动阀改变风机的工作点，使风机在新的工作点运行时所产生的风量、风压与空调系统所需的风量、风压相匹配，以满足实际需要；前两种方法均不起作用则需更换合适的风机。

4. 水管系统的故障分析

水管系统常见故障处理如下：

1）漏水。检查螺纹连接处，若松动或拧得不够紧，则应拧紧；若所用的填料不够，则应在渗漏处涂抹憎水性密封胶或重新加填料连接。检查法兰连接处，若不严密，则拧紧螺栓或更换橡胶垫。检查管道，若腐蚀穿孔，则补焊或更换新管道。

2）保温层受潮或滴水。保温管道漏水，先解决漏水问题，再更换保温层。保温层或防潮层破损，受潮和含水部分全部更换。

3）管道内有空气。检查自动排气阀，如果阀不起作用，则应进行检修或更换；如果排气阀设置过少，则在支环路较长的转弯处增设；如果位置设置不当，则应设置在水管路的最高处。

4）阀门漏水或产生冷凝水。检查阀杆或螺纹、螺母，如果磨损及时更换。检查保温情况，如果无保温或保温不完整、破损，则应进行保温或补完整。

5. 自动控制系统的故障分析

引起自动控制系统故障的原因一般有两个方面：一个是系统运行的外界环境条件通过系统内部反映出来的故障，一个是系统内部自身产生的故障。以下介绍的典型控制元器件，主要是空调自动控制系统中常用的电磁阀、自动调节阀、传感器、继电器和可编程序控制器。

1）电磁阀。通电后阀门不开启，测量电压，若电压值过低则提高至规定值。检查线圈，若线圈短路或烧毁则需进行检修或更换电磁阀。检查动铁心，若卡住恢复正常即可。断电后阀门不关闭，检查动铁心和弹簧，若卡住恢复正常即可，如果剩磁的力量吸住了动铁心，需设法去磁或更换新材质的铁心或更换新电磁阀。电磁阀关闭不严，检查阀内若有污物阻塞，则应进行清洗；检查弹簧，如果变形或弹力不够，则应更换弹簧；检查密封垫圈，如果很不正、不牢固，则应重新安放正、牢固即可；如果变形或磨损，则应更换密封垫圈。

2）自动调节阀。阀杆不灵活，将压盖松开、清洗即可。阀门不能动作，首先手动至活动，如果仍不能动作，检查电容，若损坏更换电容即可。

3）传感器。传感器时间常数过大是常见问题。以温度传感器为例，由于传感器时间常数过大（热惯性大），使其反映的温度值与真实值有差异。传感器时间常数与传感器的保护套管厚薄及是否结垢有关。当发现系统产生振荡又无其他原因时，可检查传感器污染情况以及原选型是否合理，有污染时要及时清洗，原选型不合理的要更换时间常数小的传感器，更换时切记其分度号要与原传感器分度号一致。

4）继电器。触点不吸合，检查线圈，如果短路更换线圈；检查触头，如果被卡住，清除异物。触点打不开，检查弹簧，如果被卡住，清除异物恢复正常；如果变形或弹力不够，更换弹簧。

5）可编程序控制器。电源指示灯不亮，检查熔丝，如果熔断更换相同型号熔丝；检查输入接触，如果接触不好处理后重接；检查配线，如果断线则焊接或更换。熔丝多次熔断，找出短路点或减小负载，按额定电压设定或正确连接，若前两者均正常，更换大一点的熔丝。运行指示灯不亮，检查程序，如果没有“END”指令需修改程序；检查电源，如果损坏则修理或更换；检查 I/O 接口地址，如果重复则修改接口地址；检查 I/O 电源，若无电源则接通电源；检查终端，如果无终端，设定终端即可。运行输出继电器不闭合，检查电源，如果损坏则修理或更换。特定继电器不动作、常动或若干继电器均不动作，检查主板，如果损坏则修理或更换。

6. 机械故障分析

机械故障主要指空调系统中通风机和水泵发生的故障，空调系统中风量和冷量的提供和输送主要依靠通风机和水泵来完成，如果通风机和水泵发生故障，就会影响空调系统送风量和各空调房间的工作状况。

（1）风机故障分析

1）轴承箱振动剧烈。检查机壳或进风口与叶轮之间的摩擦，进行整修，消除摩擦部位。检查基础，加固基础或用型钢加固支架。检查叶轮铆钉和带轮，若松动，将松动铆钉铆紧或调换重铆，若带轮变形，更换变形带轮。检查叶轮轴盘与轴，若松动，则拆下松动的轴盘用电焊加工修复或调换新轴。检查机壳与支架、轴承箱与支架、轴承箱盖与座连接螺栓，若松动将松动螺栓旋紧，在容易产生松动的螺栓中加弹簧垫圈防止产生松动。检查风机进出气管道安装，若不良在风机出口与风道连接处加装帆布或橡胶布软接管。检查转子，若不平衡进行校正使转子平衡。

2）轴承温升过高。检查轴承箱，若振动，查出原因并加以消除。检查润滑脂，若质量不良、变质、填充过多或含有灰尘、沙垢等杂质，挖掉旧的润滑脂，用煤油将轴承洗净后调换新油。检查轴承箱盖座的连接螺栓，若过紧或过松则适当调整轴承座盖螺栓紧固程度。检查轴与滚动轴承，若安装歪斜，前后两轴承不同心，调整前后轴承座安装位置使其平直同心。检查轴承，若滚动轴承损坏，轴承磨损过大或严重锈蚀，则更换新轴承。

3）电动机电流过高或温升过高。检查开机时进气管道内阀门或节流阀，若未关严密，则关闭风道内阀门或节流阀。检查风量和输送气体，若风量超过规定值或气体密度过大，则调节节流装置减少风量，降低荷载功率；若经常有类似现象，需要调换较大功率的电动机。检查电动机输入电压，若电压过低则应通知电气部门处理，电源单相断电应立即停机修复。检查联轴器及橡胶圈，若联轴器连接不正，调整联轴器；若橡胶圈过紧或间隙不均或损坏，更换橡胶圈。检查轴承箱，若振动剧烈，停机排除轴承座振动故障。检查并联风机，若受其影响发生故障停机，则检查和处理风机故障。

4）传动带。传动带滑下，调整两带轮的位置。传动带跳动，调整电动机安装位置。

5）风量或风压不足或过大。检查转速和系统阻力，若转速不合适或系统阻力不合适，调整转速或改变系统阻力。检查风机，若旋转方向不对，改变转向，改变三相交流电动机的接线相序。检查管道，若局部阻塞，清除杂物。检查和调节阀门的开启度。检查风机规格，若不合适，更换选用合适的风机。

6）风机使用日久后风量和风压逐渐减小。检查风机叶轮、叶片或外壳，若锈蚀损坏，则检修或更换损坏部件。检查风机叶轮，若表面积灰，彻底清除叶轮和叶片表面的积尘。检查传动带，若太松，调整传动带的松紧程度。检查风道系统内部，若积有杂物，进行清除整理。

7）风机噪声过大。检查通风机，若噪声较大，采用高效率低噪声风机。检查叶轮的平衡性，检查减振器装置是否完好。检查轴承等部件，若磨损或间隙较大，更换损坏部件。

（2）水泵故障分析

1）流量不足、压力不够或不出水。检查底阀是否漏水并重新向水泵内灌足引水。检查底阀入水深度，底阀浸入吸水面的深度应大于进水管直径的 1.5 倍。检查底阀叶轮和管道，若阻塞，则清除脏物。检查吸水管道，若漏气，则拧紧法兰螺栓。检查水泵扬程，若超过期定值，则降低管路阻力。检查水泵吸上扬程，若超过允许值，则减小吸上扬程，降低吸水系统阻力。检查密封环或叶轮，若磨损过多，则更换磨损零件。检查叶轮旋转方向，若错误，则改变电动机接线相序。检查叶轮转速，若过低，检查电路的电压。检查填料，若损坏或过松，则调换填料。检查泵的水封管路，若阻塞，则清除水封管路脏物。

2）功率消耗过多。查看供水量，若水量增加，关小闸阀。检查填料，若压得过紧，适当放松填料压盖。检查水泵与电动机的轴线，若不同心，调整水泵和电动机的轴线。检查泵轴，若弯曲或磨损过大，矫正或更换泵轴。

3）产生振动、噪声大或滚动轴承发热。检查吸上扬程，若超过允许值、水泵产生气蚀，则降低吸上扬程要求或更换合适的水泵。检查水泵与电动机的轴线，若不同心，调整水泵和电动机的轴线。检查滚动轴承，若损坏，更换滚动轴承；若有水进入轴承壳内使滚动轴承生锈，查出进水原因，调换润滑油和滚动轴承。检查泵轴，若弯曲或磨损过大，矫正或更换泵轴。检查润滑油，若不够，添加润滑油。

4）填料过热，填料盒漏水过多。检查填料，若压得太紧，冷却水进不去，填料盖压得太松或磨损后失去弹性和密封作用，调整填料压紧螺钉或更换填料。检查泵轴，若弯曲或磨损过大，矫正或更换泵轴。检查填料，若缠法错误或接头不正确，更换填料。

7. 空调系统的故障分析

1）房间的温、湿度都偏高。检查冷水机组制冷量，若确认制冷压缩机容量不符合或常年失修，应更换冷水机组或对其进行大修。检查空气处理机组喷嘴，若堵塞严重应及时对喷嘴进行清洗，疏通时间间隔要短一些，并加强冷媒水质管理，直到彻底清除冷媒水杂质或重新更换冷媒水。检查风机，调节送风阀门进行风量调节，使风速不要过大，并清洗挡水板。检查送回风量，若回风量大于送风量，重新调节回风机的风量。检查直接蒸发式表面冷却器，若结霜严重，调节蒸发温度在0~7℃，若蒸发器供液较少，应适当开大供液阀，使供液适当。

2）房间温度不合适或者偏低，湿度偏高。查看送风温度，若偏低调节二次加热量即可。检查喷水室，若喷水量过大，仔细检查挡水板叶片是否漏水、不均匀或损坏，如有漏处，可用桐油石灰或橡皮堵塞漏处或更换已损坏的挡水板，使过水量减少到最小程度；喷淋水温偏高，改变三通阀混合水的温度，即多用低温水，少用喷水室回水，改循环喷淋为冷媒水直接喷淋，可有效降低机器露点温度，进而降低送风含湿量，再使用二次加热升温，送入室内即可满足工艺要求。检查房间，若产湿量过大，应减少湿源或者临时采取换气措施，将房间内高湿空气排出。

3）房间温度正常，湿度偏低。这种情况通常在冬季或干燥地区发生。对集中式空调系统，只需将喷水泵开启，连续对空气进行循环水喷淋使之进行绝热加湿处理，即可解决干燥问题。对于恒温恒湿机应开动电加湿器进行加湿，也可满足室内对湿度的要求。

4）房间降温慢。检查送风量，若风量下降，检查风机型号是否符合设计要求、转向是否正确、管网阻力是否增加、过滤器是否失效、传动带是否过松、系统有无漏风现象等，进行相应调整或维修。检查二次回风量，若风量过大，调节回风阀门，减少回风量。对整个系统进行风量的测定和风量再分配。

5）房间内空气不新鲜。检查新风口阀门是否开启，打扫和清洗空气过滤器的污物，以保证有新风量，使房间空气新鲜。如原设计的新风比过小，而又采用固定新风断面形式，可根据实际情况增大新风断面，并对整个系统风量进行调节。

6）房间气流流速过大。应适当增大送风口面积，增加送风口数量，改变风口形式或加挡板使气流组织合理，降低送风口风速。

5.3.3　中央空调系统的维护保养

中央空调系统的维护是建筑物业设施管理的重要组成部分，空调效果好坏所产生的影响是不容忽视的。满足使用要求的意义不仅仅是使人感到舒适，而是由感觉舒适所带来的是工作效率的提高。相反，如果空调效果差，不能满足要求后果则不堪设想。中央空调系统的维护包括制冷设备、空气处理设备、风管系统、水管系统和控制系统维护，冷水机组的维护在前面章节已经涉及，这里主要讲述空气处理设备、风管系统、水管系统和控制系统的维护。

1. 空气处理设备的维护

（1）组合式空气处理机组的维护

1）定期检查风机、电动机及各电气设备是否处于正常状态，并定期给轴承注油，定期检查调紧风机V带。

2）定期清除挡水板、加热器和表冷器上的积垢，定期检查或更换已堵塞损坏的喷嘴（半年一次），定期清洗喷淋段水池和水过滤器并换新水（1~2周一次）。

3）当过滤器的阻力达到0.15kPa以上时，应更换新滤料。

4）在使用加热器和表冷器前，应排除管内积水，为清除管子内壁的积垢，每2~3年应采用化学除垢法清洗一次。

5）壁板框架和所有金属部件应定期除锈涂漆（一年一次）。

需要引起注意的是，组合式空调机组的检修门运行时一定要关闭严密，发现密封材料老化或由于破损、腐蚀引起漏风时要及时修理或更换。

（2）单元式空调机的维护　单元式空调机的维护保养工作可以分为日常、月度、年度三个部分来进行，每个部分的检查内容是其维护保养工作的基础。根据单元式空调机的工作特点，日常、月度、年度检查的重点都不同，因此也决定了它们各自检查与维护保养的重点不同，具体内容如下。

1）机组。

① 日常维护。检查机组电流、电压是否正常，机体是否有漏风或结露处。

② 月度维护。检查机组各紧固件是否松动，是否有绝热或吸音材料脱落。

③ 年度维护。检查机体外壳是否锈蚀，机内外彻底清洁。

2）制冷系统。制冷系统包括压缩机、送风系统、蒸发器、水冷冷凝器、膨胀阀、干燥过滤器和制冷剂管道。

① 日常维护。检查制冷系统压缩机吸、排气压力是否正常，噪声是否过大；蒸发器是否结霜；水冷冷凝器的冷却水水温和水流量是否正常。

② 月度维护。检查制冷系统压缩机壳体温度是否过高；蒸发器是否有积尘；膨胀阀、干燥过滤器进出口是否结露或结霜，感温包的连接是否完好，是否有堵塞。

③ 年度维护。检查制冷系统，清除水冷冷凝器管内水垢；检查制冷剂管道是否有泄漏，连接部位是否松动，焊接部位是否有裂纹。

3）风系统。风系统包括风阀、软接头、过滤网、风机、传动装置和电动机。

① 日常维护。检查风系统风阀设定位置是否有变，是否有噪声产生；检查风机减振装置受力情况，检查轴承及电动机温升情况。

② 月度维护。检查风系统过滤网是否需要清洁；检查风机润滑情况、风机噪声情况、振动情况、转速情况；传动装置传动带松紧度检查，各连接螺栓螺母紧固情况检查。

③ 年度维护。风系统风机轴承润滑情况检查。

4）接排水系统。接排水系统包括接水盘和排水管。

① 日常维护。检查排水管排水是否畅通，水封是否起作用。

② 月度维护。检查接水盘是否有污物和水积存，是否有溢水。

5）电控系统。电控系统包括操作开关、指示灯、继电器保护器和控制器。

① 日常维护。检查电控系统操作开关，接触是否完好，操作是否灵便；指示灯是否指

示正常；高低压控制器的设定值是否合适，温控器的设定值与动作是否一致。

② 年度维护。检查电控系统继电器保护器接触是否完好，动作是否灵敏；检查高低压控制器的动作是否正常。

6）冷却水系统。冷却水系统包括阀门、软接头、冷却塔、水泵和水质。

① 日常维护。检查进出水管路上的阀门、软接头是否漏、滴水，保温层是否破损。检查冷却水系统冷却塔电流、电压是否正常，机体是否有漏水处；检查水泵电流、电压是否正常，压力表指示是否正常且稳定，无剧烈振动；检查水温，及时补充新水，是否需要清洗。

② 月度维护。检查冷却水系统冷却塔，对使用传动带减速装置的，检查传动带的松紧度，对使用齿轮减速装置的，检查齿轮箱中的油位；确认水泵轴承的润滑油充足、良好，水泵及电动机的地脚螺栓与联轴器螺栓无脱落或松动，检查电磁阀的开关是否动作正确、可靠；对冷却水水质检测，pH 值、硬度、碱度、电导率、悬浮物、游离氯、药剂浓度检测。

③ 年度维护。检查冷却水系统冷却塔，电动机绝缘情况测试，轴承的润滑油更换；水泵对卧式泵，要用手盘动联轴器，看水泵叶轮是否能转动，如果转不动，要查明原因，消除隐患。

7）风冷室外机组。风冷室外机组包括冷凝器和风机。

① 日常维护和年度维护是对风机的维护。

② 月度维护。风冷室外机组冷凝器表面是否清洁，散热气流是否良好。

8）制热系统。制热系统包括四通换向阀、电加热器和热水或蒸汽加热器。

① 日常维护。检查制热系统电加热器的加热管是否损坏。

② 月度维护。检查制热系统热水或蒸汽加热器管外是否清洁。

③ 年度维护。检查制热系统四通换向阀是否能起换向作用；热水或蒸汽加热器管内是否结了水垢。

上述维护检查只是一个检查维护保养工作的原则性分工，在实际工作中还应注意以下各方面的要求：通过擦拭，去除机体内外各处的油污、灰尘等脏物，尤其是各部件的连接处不能遗漏；过滤网要勤清洁；滴水盘的清洗不能忽视，注意排水要畅通，盘中不积水；经常检查机组各部件间的连接螺栓是否紧固，电气元件和导线的连接是否有松动和脱焊现象，风机传动带是否损坏或张紧度不够等；蒸发器表面要保持清洁，不能有灰尘和污物，更不能冻结；水冷冷凝器要定期清除水垢，风冷冷凝器由于置于室外，其表面特别容易脏污，要注意及时清洁。

（3）风机盘管的维护　由于风机盘管都是由其所安装房间的使用者直接手动操作开停机，或手动开机运行，在设定温度达到后自动停机。因此，风机盘管运行管理工作的重点不是运行操作，而是维护保养。

风机盘管通常直接安装在空调房间内，其工作状态和工作质量不仅影响到其应发挥的空调效果，而且影响到室内的噪声水平和空气质量。因此，必须做好空气过滤网、滴水盘、盘管、风机等主要部件的日常维护保养工作，保证风机盘管正常发挥作用，不产生负面影响。

1）空气过滤网。空气过滤网是风机盘管用来净化回风的重要部件，通常采用的是化纤材料做成的过滤网或多层金属网板。由于风机盘管安装的位置、工作时间的长短、使用条件的不同，其清洁的周期与清洁的方式也不同。一般情况下，在连续使用期间应一个月清洁一次，如果清洁工作不及时，过滤网的孔眼堵塞非常严重，就会使风机盘管的送风量大大减少，其向房间的供冷（热）量也就相应大大降低，从而影响室温控制的质量。

空气过滤网的清洁方式从方便、快捷、工作量小的角度考虑，应首选吸尘器清洁方式，该方式的最大优点是清洁时不用拆卸过滤网。对那些不容易吸干净的湿、重、黏的粉尘，则要采用拆下过滤网用清水加压冲洗或刷洗，或用药水刷洗的清洁方式。

空气过滤网的清洁工作是风机盘管维护保养工作中最频繁、工作量最大的作业，必须给予充分的重视和合理的安排。

2）滴水盘。当风机盘管对空气进行降温去湿处理时，所产生的凝结水会滴落在滴水盘（又称为接水盘、集水盘）中，并通过排水口排出。由于风机盘管的空气过滤器一般为粗效过滤器，一些细小粉尘会穿过过滤器孔眼而附着在盘管表面，当盘管表面有凝结水形成时就会将这些粉尘带落到滴水盘里。因此，对滴水盘必须进行定期清洗，将沉积在滴水盘内的粉尘清洗干净。否则，沉积的粉尘过多，一会使滴水盘的容水量减小，在凝结水产生量较大时，由于排泄不及时造成凝结水从滴水盘中溢出损坏房间顶棚的事故；二会堵塞排水口，同样发生凝结水溢出情况；三会成为细菌、甚至蚊虫的滋生地，对所在房间人员的健康构成威胁。

滴水盘一般一年清洗两次，如果是季节性使用的空调，则在空调使用季节结束后清洗一次。清洗方式一般采用水来冲刷，污水由排水管排出。为了消毒杀菌，还可以对清洁干净了的滴水盘再用消毒水（如漂白水）刷洗一遍。

3）盘管。盘管担负着将冷热水的冷热量传递给通过风机盘管的空气的重要使命。为了保证高效率传热，要求盘管的表面必须尽量保持光洁。但是，由于风机盘管一般配备的均为粗效过滤器，孔眼比较大，在刚开始使用时，难免有粉尘穿过过滤器而附着在盘管的管道或肋片表面。如果不及时清洁，就会使盘管中冷热水与盘管外流过的空气之间的热交换量减少，使盘管的换热效能不能充分发挥出来。如果附着的粉尘很多，甚至将肋片间的部分空气通道都堵塞，则同时还会减小风机盘管的送风量，使其空调性能进一步降低。

盘管的清洁方式可参照空气过滤网的清洁方式进行，但清洁的周期可以长一些，一般不到万不得已，不采用整体从安装部位拆卸下来清洁的方式，以减小清洁工作量和拆装工作造成的影响。

4）风机。风机盘管一般采用的是多叶片双进风离心风机，这种风机的叶片形式是弯曲的。由于空气过滤器不可能捕捉到全部粉尘，所以漏网的粉尘就有可能黏附到风机叶片的弯曲部分，使得风机叶片的性能发生变化，而且重量增加。如果不及时清洁，风机的送风量就会明显下降，电耗增加，噪声加大，使风机盘管的总体性能变差。

风机叶轮由于有蜗壳包围着，不拆卸下来清洁工作就比较难做。可以采用小型强力吸尘器吸的清洁方式。一般一年清洁一次，或一个空调季节清洁一次。

此外，平时还要注意检查温控开关和电磁阀的控制是否灵敏、动作是否正常，有问题要及时解决。

由于柜式风机盘管机组并没有什么特别之处，所以其维护保养可以参照前面风机盘管和单元式空调机的相关内容进行，此处不再赘述。需要引起注意的是，柜式风机盘管机组在寒冷季节不使用时（如夜间），有可能因管内水温过低而结冰冻裂盘管。特别是有新风管直接与新风窗相连的机组和新风机组，室外冷空气在风压和渗透作用下很容易进入机组。为避免

此类问题的发生，可在新风吸入管上加装电动的普通风阀或保温风阀，并使其与机组联锁。

2. 风管系统的维护

风管系统的维护主要是包括风管（含保温层）、风阀、风口、风管支承构件的维护保养工作。

（1）风管　空调风管绝大多数是用镀锌钢板制作的，不需要刷防锈漆，比较经久耐用。除了空气处理机组外接的新风吸入管通常用裸管外，送回风管都要进行保温。其日常维护保养的主要任务是：

1）保证管道保温层、表面防潮层及保护层无破损和脱落，特别要注意与支（吊）架接触的部位；对使用粘胶带封闭防潮层接缝的，要注意粘胶带无胀裂、开胶的现象。

2）保证管道的密封性，绝对不漏风，重点是法兰接头和风机及风柜等与风管的软接头处，以及风阀转轴处。

3）定期通过送（回）风口用吸尘器清除管道内部的积尘。

4）保温管道有风阀手柄的部位要保证不结露。

（2）风阀（图5-1）　风阀是风量调节阀的简称，又称为风门，主要有风管调节阀、风口调节阀和风管止回阀等几种类型。风阀在使用一段时间后，会出现松动、变形、移位、动作不灵、关闭不严等问题，不仅会影响风量的控制和空调效果，还会产生噪声。因此，日常维护保养除了做好风阀的清洁与润滑工作以外，重点是要保证各种阀门能根据运行调节的要求，变动灵活，定位准确、稳固；关则严实，开则到位；阀板或叶片与阀体无碰撞，不会卡死；拉杆或手柄的转轴与风管结合处应严密不漏风；电动或气动调节阀的调节范围和指示角度应与阀门开启角度一致。

图5-1　风阀

（3）风口　风口有送风口、回风口、新风口之分，其形式与构造多种多样，但就日常维护保养工作来说，主要是做好清洁和紧固工作，不让叶片积尘和松动。根据使用情况，送风口三个月左右拆下来清洁一次，回风口和新风口则可以结合过滤网的清洁周期一起清洁。

对于可调型风口（如球形风口），在根据空调或送风要求调节后要能保证调后的位置不变，而且转动部件与风管的结合处不漏风；对于风口的可调叶片或叶片调节零部件（如百叶风口的拉杆、散流器的丝杠等），应松紧适度，既能转动又不松动。

金属送风口在送冷风时，还要特别注意不能有凝结水产生。

（4）风管支承构件　风管系统的支承构件包括支（吊）架、管箍等，它们在长期运行中会出现断裂、变形、松动、脱落和锈蚀。在日常巡视和检查时要注意发现这些问题，并要分析其原因：

1）断裂、变形是因为所用材料的机械强度不高或用料太小，在管道及保温材料的重量和热胀冷缩力的作用下造成的，还是因为构件制作质量不高造成的，是人为损坏还是支承构件的距离过大压坏的。

2）松动、脱落是因为安装不够牢固造成的，还是因为构件受力太大或管道振动造成的。

3）锈蚀是因为原油漆质量不好，还是刷得质量不高造成的。

根据支承构件出现的问题和引起的原因，有针对性地采取相应措施来解决，该更换的更换，该补加的补加，该重新紧固的重新紧固，该补刷油漆的补刷油漆。

3. 水管系统的维护

水管系统的维护主要是做好各种水管、阀门、水过滤器、膨胀水箱以及支承构件的维护保养工作。

(1) 水管　空调水管按其用途不同可分为冷冻水管、热水管、冷却水管、凝结水管四种类型，由于各自的用途和工作条件不一样，维护保养的内容和侧重点也有所不同。但对管道支吊架和管卡的防锈要求是相同的，要根据情况除锈刷漆。

1) 冷冻水管和热水管。当空调水系统为四管制时，冷冻水管和热水管分别为单独的管道；当空调水系统为两管制时，冷冻水管则与热水管同为一根管道。但不论空调水系统为几管制，冷冻水管和热水管均为有压管道，而且全部要用保温层（准确称呼应为绝热层）包裹起来。日常维护保养的主要任务，一是保证保温层和表面防潮层不能有破损或脱落，防止发生管道方面的冷热损失和结露滴水现象；二是保证管道内没有空气，水能正常输送到各个换热盘管，防止有的盘管无水或气加水通过而影响处理空气的质量。为此要注意检查管道系统中的自动排气阀是否动作正常，如动作不灵要及时处理。

2) 冷却水管。冷却水管是裸管，也是有压管道，与冷却塔相连接的供回水管有一部分暴露在室外。由于目前都是使用镀锌钢管，各方面性能都比较好，管外表一般也不用刷防锈漆，因此日常不需要额外的维护保养。冷却水一般都要使用化学药剂进行水处理，使用时间长了难免伤及管壁，要注意监控管道的腐蚀问题。在冬季有可能结冰的地区，室外管道部分要采取防冻措施。

3) 凝结水管。凝结水管是风机盘管系统特有的无压自流排放不用回水的水管。由于凝结水的温度一般较低，为防止管壁结露到处滴水，通常也要做保温处理。对凝结水管的日常维护保养主要是两个方面的任务：一是要保证水流畅。由于是无压自流式，其流速往往容易受管道坡度、阻力、管径、水的浑浊度等影响，当有成块、成团的污物时流动更困难，容易堵塞管道。二是要保证保温层和表面防潮层无破损或脱落。

(2) 阀门　在空调水系统中，阀门被广泛地用来控制水的压力、流量、流向及排放空气。常用的阀门按阀的结构形式和功能可分为闸阀、蝶阀（图 5-2)、截止阀、止回阀（逆止阀，图 5-3)、平衡阀、电磁阀、电动调节阀、排气阀（图 5-4）等。为了保证阀门启闭可靠、调节省力、不漏水、不滴水、不锈蚀，日常维护保养就要做好以下几项工作：

1) 保持阀门的清洁和油漆的完好状态。

2) 阀杆螺纹部分要涂抹润滑脂或二硫化钼，室内六个月一次，室外三个月一次，以增加螺杆与螺母摩擦时的润滑作用，减少磨损。

3) 不经常调节或启闭的阀门必须定期转动手轮或手柄，以防生锈咬死。

4) 对机械传动的阀门要视缺油情况向变速箱内及时添加润滑油；在经常使用的情况下，每年全部更换一次润滑油。

5) 在冷冻水管路和热水管路上使用的阀门，要保证其保温层的完好，防止发生冷热损失和出现结露滴水现象。

6) 对自动动作阀门，如止回阀和自动排气阀，要经常检查其工作是否正常，动作是否失灵，有问题就要及时修理和更换。

7）对电力驱动的阀门，如电磁阀和电动调节阀，除了阀体部分的维护保养外，还要特别注意对电控元器件和线路的维护保养。

此外，还要注意不能用阀门来支承重物，并严禁操作或检修时站在阀门上工作，以免损坏阀门或影响阀门的性能。

图 5-2　蝶阀

图 5-3　止回阀

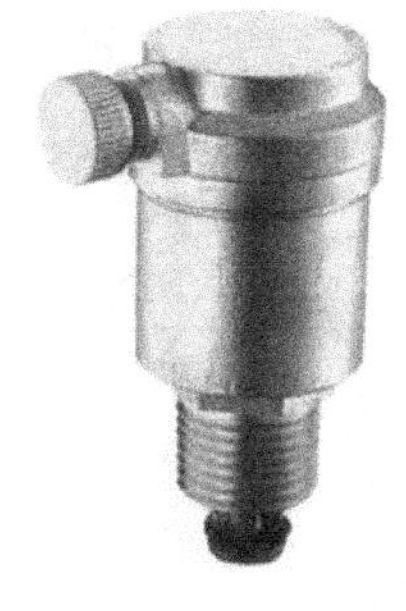

图 5-4　排气阀

（3）水过滤器　安装在水泵入口处的水过滤器要定期清洗。新投入使用的系统、冷却水系统，以及使用年限较长的系统，清洗周期要短些，一般三个月应拆开拿出过滤网清洗一次。

（4）膨胀水箱（图 5-5）　膨胀水箱通常设置在露天屋面上，应每班检查一次，保证水箱中的水位适中，浮球阀的动作灵敏、出水正常；一年要清洗一次水箱，并给箱体和基座除锈、刷漆。

（5）支承构件　水管系统支承构件的维护保养，可参见风管系统支承构件的有关内容。

（6）冷却塔（图 5-6）　为了使冷却塔能安全正常使用的时间尽量长一些，除了做好上述检查工作和清洁工作外，还需定期做好以下几项维护保养工作。

1）对使用传动带减速装置的，每两周停机检查一次传动带的松紧度，不合适时要调整。如果几根传动带松紧程度不同，则要全套更换；如果冷却塔长时间不运行，则最好将传动带取下来保存。

2）对使用齿轮减速装置的，每一个月停机检查一次齿轮箱中的油位。油量不够时要补加到位。此外，冷却塔每运行六个月要检查一次油的颜色和黏度，达不到要求必须全部更换。当冷却塔累计使用 5000h 后，不论油质情况如何，都必须对齿轮箱做彻底清洗，并更换润滑油。齿轮减速装置采用的润滑油一般多为 30 号或 40 号机械油。

3）由于冷却塔风机的电动机长期在湿热的环境下工作，为了保证其绝缘性能，不发生电动机烧毁事故，每年必须做一次电动机绝缘情况测试。如果达不到要求，要及时处理或更换电动机。

4）要注意检查填料是否有损坏的，如果有，要及时修补或更换。

5）风机系统所有轴承的润滑脂一般一年更换一次。

6）当采用化学药剂进行水处理时，要注意风机叶片的腐蚀问题。为了减缓腐蚀，每年清除一次叶片上的腐蚀物，均匀涂刷防锈漆和酚醛漆各一道。或者在叶片上涂刷一层 0.2mm 厚的环氧树脂，其防腐性能一般可维持 2～3 年。

7）在冬季冷却塔停止使用期间，有可能因积雪而使风机叶片变形，这时可以采取两种办法避免：一是停机后将叶片旋转到垂直于地面的角度紧固；二是将叶片或连轮毂一起拆下放到室内保存。

8）在冬季冷却塔停止使用期间，有可能发生冰冻现象时，要将冷却塔集水盘（槽）和室外部分的冷却水系统中的水全部放光，以免冻坏设备和管道。

9）冷却塔的支架、风机系统的结构架以及爬梯通常采用镀锌钢件，一般不需要油漆。如果发现生锈，再进行去锈刷漆工作。

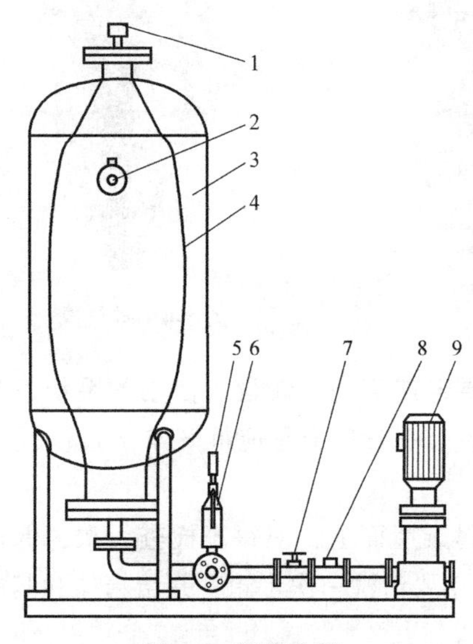

图 5-5　膨胀水箱

1—自动排气阀　2—球阀　3—罐体
4—胶囊　5—电接点压力表　6—安全阀
7—截止阀　8—止回阀　9—稳压泵

图 5-6　冷却塔

4. 控制元器件的维护保养

常用的控制元器件有传感器、变送器、调节器和执行器，其作用不同，种类繁多。以下主要以常用的、典型的或有共性的控制元器件为例，介绍其维护保养的工作内容。

（1）传感器的维护保养　传感器是自动控制系统的重要组成部分，它与被测对象放在一起并直接发生联系。传感器的工作好坏直接影响自动控制系统工作的精度，因此对传感器的维护保养十分重要。

1）温度传感器的维护保养。温度是中央空调系统中最重要的调控参数，自动控制系统要达到调控温度的目的，首先必须对空气温度进行准确检测。自动控制系统采用的温度检测元件是温度传感器。常用的温度传感器有热电阻式和热电偶式两种，其中热电阻温度传感器又分为金属热电阻温度传感器和半导体热敏电阻温度传感器两类。

①金属热电阻温度传感器。金属热电阻温度传感器是以金属导体制成的热电阻作为感温元件，利用其电阻值随温度成正比变化的特性来进行温度测量，属于非电测法。它具有较高的测量精度和灵敏度，便于信号的远距离传送及实现多点切换测量。常用铂、铜两种金属导体制作热电阻。为了使热电阻免受腐蚀性介质的侵蚀和外来的机械损伤，延长其使用寿命，上述两种热电阻体外均套有保护套管。热电阻温度传感器的维护保养主要针对以下几方面内

容进行：

a. 检查热电阻是否受到强烈的外部冲击，因为强烈的外部冲击很容易使绕有热电阻丝的支架变形，从而导致热电阻丝断裂。

b. 检查热电阻传感器支架的牢固情况，特别是装在风道内的热电阻传感器，一旦支架松动，热电阻在风力的吹动下很容易损坏。

c. 检查热电阻套管的密封性情况，如果套管的密封受到破坏，被测介质中的有害气体或液体就会直接与金属丝接触，造成金属丝的腐蚀，从而造成热电阻传感器的损坏或精度下降。

d. 检查热电阻引出线与传感器连接线的连接情况，发现有松动、腐蚀等情况应立即进行处理。

② 半导体热敏电阻温度传感器。半导体热敏电阻温度传感器是利用某些半导体材料的电阻随温度的升高而急剧下降的原理来工作的，因此它具有负的电阻温度系数。热敏电阻常用的形状有棒状、环状和片状等。

热敏电阻的维护保养主要也是防止受到强烈的机械碰撞，因为热敏电阻的探头比较脆，一般情况下不安装保护套管，受到机械碰撞极易破碎。另外热敏电阻的电阻温度特性随时间的变化会有一些变化，因此需定期对其电阻温度特性进行校验和修正。

③ 热电偶温度传感器。热电偶温度传感器是以热电效应为基础的测温传感器，按应用场合的不同一般分为普通型（装配型）热电偶、铠装热电偶和薄膜热电偶。热电偶在应用时要使用冷端温度自动补偿装置才能得到真正的温度测量值。热电偶温度传感器的维护保养主要是做好以下工作：

a. 防止热电偶受到强烈的机械撞击，特别是铠装热电偶和薄膜热电偶，因为它们没有坚固的保护套管进行保护，极易受到外来机械力的冲击，从而造成热电偶的损坏。

b. 要经常检查冷端温度自动补偿装置的工作情况，如果冷端温度自动补偿装置工作不正常，就不能得到正确的测量温度。

c. 因为热电偶的延伸导线比较细，也是容易受到破坏的地方，所以维护保养时应仔细检查延伸导线的情况。

2）空气相对湿度传感器的维护保养。空气的相对湿度与温度是两个相关联的参数，在空调工程中具有同样重要的地位，需要经常进行监控。自动控制系统采用的湿度检测元件是湿度传感器。在空调自动控制系统中使用的空气相对湿度传感器一般有三种，分别是电动干湿球湿度传感器、氯化锂电阻式湿度传感器和电容式湿度传感器。电动干湿球湿度传感器具有测量准确、复现性好的特点，但湿球探头要经常补水，且计算较复杂；氯化锂电阻式湿度传感器不需要补水，但它的测量精度较低且易结晶，寿命较短；电容式湿度传感器测量精度高，对环境要求低，性能稳定，寿命长，因而得到广泛应用。

空气相对湿度传感器的维护保养比较麻烦，对电动干湿球湿度传感器主要是要经常检查湿球探头附近储水瓶内的储水情况，发现少水时应及时添加，不然湿度传感器就会工作不正常；对氯化锂电阻式湿度传感器主要是检查梳状金属箔表面氯化锂溶液的情况，防止结晶，一旦结晶必须立即更换；对电容式湿度传感器主要检查其电容探头的清洁情况，因为保护电容的陶瓷护套上的小孔孔径很小，周围空气中的尘埃易将小孔堵塞，一旦小孔堵塞传感器将不能正常工作。

3）水流开关传感器的维护保养。在冷水机组自动控制系统中，水流开关起着重要的保护作用，冷水机组在确认冷却水回路和冷冻水回路水流动起来的情况下才能开机，水流开关起着监视冷却水和冷冻水流动状态的作用。水流开关实际上是由两块具有一定弹性的金属片平行固定在一起组成的，当装有水流开关的水管内有水流动时，水流的力量将两块金属片推到一起，使得与两块金属片相连的电路接通，从而得到水管内水已经流动起来的信号。

水流开关传感器的维护保养主要是检查两块金属片的情况，是否有弯曲，是否表面被污染，触点接触是否可靠等，如果已经受到损伤应及时更换。

在中央空调系统的自动控制系统中，有时还要用到压力传感器、压差传感器、液位传感器、流量传感器等，因使用不是很普遍，故本书不做具体介绍，它们的维护保养工作可以参考上述传感器的相应内容进行。

（2）变送器的维护保养　变送器是把传感器输出的信号进行放大、整形、转换等，使之变成规格化的电流或电压信号传给调节器的装置。变送器往往和传感器组合在一起，也有的和调节器放在一起，还有一些是单独设置的。

1）与传感器组合在一起的变送器的维护保养。这种变送器的维护保养方法与传感器的维护保养方法基本一样，只是要增加对变送器的输出信号进行检验和标定，重点检查输出信号的输出值与传感器所测物理量之间的关系是否与说明书上相一致，有没有漂移，如有漂移应及时重新调整。

2）与调节器放在一起的变送器的维护保养。此时变送器为调节器输入电路的一部分，其检查与调整工作应同调节器的检查与调整工作一起进行。

3）单独设置的变送器的维护保养。要重点检查该变送器输入电压（有的有多个供电电压）的情况及调节器输出电压的情况，如果因时间太久和其他原因造成变送器输出发生漂移的情况，应及时进行重新标定。

（3）调节器的维护保养　以前的调节器大多由电子元件搭成的电子逻辑电路组成，它可以进行加、减、乘、除、开方、平方等数学运算，也可以进行“与”“或”等逻辑运算，它的作用是把由变送器传来的规格化的电信号与调节器内部设定的设定值进行比较，根据预先给定的逻辑关系和控制规律输出一定值去控制执行器的动作。目前调节器的电子逻辑电路大多数都已被微计算机所替代，在这种调节器中，由 CPU、存储器、定时器、输出输入接口及键盘、显示器等组成了新的调节控制单元，老式电子逻辑调节器的许多功能都改由新型微计算机调节器软件来实现，这样就使新型调节器比老式调节器有了更多、更复杂的逻辑控制功能，使用起来也就更灵活，工作也更可靠。

对这类新型调节器的维护保养，类似于对一般计算机进行的维护保养，通常情况下按照使用说明书的要求进行即可。平时应注意显示器、键盘的表面是否清洁，调节器周围的环境温度与相对湿度是否在正常范围内，显示数据是否正确等，如发现故障应找设备供应商确认的维修人员进行修理，未经培训的人员一般不允许维修。

对于系统较大的分布式控制系统，除了现场调节器（下位机）外还有中央处理机（上位机）和网络通信控制器，维护保养的任务是确保这些设备在正常的温度、湿度和其他环境条件下安全可靠地工作，其维护保养的方法同一般计算机系统。

（4）执行器的维护保养　在空调自动控制系统中，执行器担负着把调节器送来的控制信号转变成水阀或风阀进行开/关动作和开关行程控制的任务。执行器一般分为电动执行器和气动执行器两种，空调自动控制系统中使用的绝大多数是电动执行器，只有一些旧系统中还存在部分使用气动执行器的情况。

执行器的维护保养主要是执行器的外观检查和动作检查。

1）外观检查。主要包括执行器外壳有无破损，与之相连的连接是否损坏、老化，连接点是否有松动、锈蚀，执行器与阀门阀芯连接的连杆有无锈蚀、弯曲，连杆旁边的阀位指示标牌是否损坏等。

2）动作检查。动作检查是用手动机构去代替伺服电动机，通过减速机构对执行器的动作情况进行检查，通过手动机构的转动检查执行器的动作是否正确有效。当把执行器从最小转到最大时，看阀门是否从全开变为全关（或相反），运转是否灵活，中间是否有卡位现象。阀门不能全开/全关或中间有卡位现象时，应及时查明原因予以修复。

另外应注意执行器周围的环境情况，做好防水保护，防止水滴进入执行器将伺服电动机烧毁。

（5）温度影响及其预防　众所周知，电子元器件如半导体器件、电阻、电容等对温度变化有一定的敏感性，它们的参数值往往随着温度的变化而稍有变化，使模拟电子电路的输入、输出关系随温度而变化。另外，现场硬件（传感器与执行器）与控制器之间均有一定距离，需要用导线连接。若系统各部分存在较大的温差，则对诸如镀锌螺钉与铜导线的连接处这样的部位，可能会出现如热电偶一样的热电效应，所产生的附加电势，会引起测量误差。

为了避免温度变化给自动控制系统带来不良影响，可采取以下措施解决：

1）控制元器件的选型应考虑其温度范围要与现场温度相匹配，关键元件的选择应注意其温度特性。

2）系统各装置的安装应选择在温度变化较小且不至出现高温的地点。

3）必要时可使用风扇加快装置的散热。

5. 控制系统的维护保养

继电器控制系统、可编程序控制器系统和微机控制系统在中央空调系统中都有使用，其维护保养工作内容既有相同之处，也有不同之处。

（1）继电器控制系统的维护保养　目前中央空调系统的自动控制系统虽然大多数都采用了微机控制，但还有一些简单的系统仍采用继电器控制。继电器控制系统使用的控制部件数量大，连接复杂，接点繁多，故障率高，在维护保养时应特别注意。

继电器控制系统的维护保养分为设备运行期间的维护保养和停机期间的维护保养。

1）运行期间的维护保养。运行期间的维护保养主要是仔细观察控制系统各仪表的指示情况，有无指示不正常的现象出现，控制柜表面和内部是否清洁，附近是否有滴水，控制柜内各部件是否工作正常，有无异常声响，有无异味出现等。

2）停机期间的维护保养。

① 控制柜和控制部件的清洁。停机期间应对控制柜内外和可拆卸的控制部件进行清洁处理，清洁时要十分小心，清理柜内尘土时不可用力猛吹，防止尘土进入继电器（图5-7）的触点内。拆卸下来的控制部件要仔细编号，防止装回时装

图5-7　继电器

错位置。特别要仔细检查继电器和接触器的触点污染和被侵蚀情况，触点已被污染的要仔细进行清洁，对侵蚀严重的要进行更换。还要检查接触器触点弹簧的弹性情况，是否有弹性，是否有卡位等，不合格的要进行更换。

② 压力、温度仪表及安全保护装置的检查与校正。根据不同设备随机技术文件提出的各种仪表和安全保护装置的功能要求，检查其动作的准确性和可靠性，并严格按照技术性能指标的要求逐项进行检查，发现达不到规定要求者，应报废更换。各仪表及安全装置整定值的校验方法参考相应的技术标准进行。

③ 无负载通电试验。控制柜及各部件经清洁和整定校验装回控制柜后，要先经过无负载通电试验，以检查各仪表指标是否正常，继电器、接触器动作是否正确，是否达到原控制功能等。对通电后发现的问题进行改正处理后方可正式进行带载开机。

除此之外，维护保养还应包括控制柜及控制设备的绝缘检查、接地检查等。

（2）可编程序控制器系统的维护保养

1）检查连接线。检查连接线是否有损坏、老化等现象，焊接点是否有开焊、虚焊、氧化等现象，发现问题及时处理。

2）检查安装情况。检查可编程序控制器安装螺钉是否有松动，连接线头和端子排上端子是否有氧化等现象，如有上述现象则应及时处理。

3）根据使用情况对可编程序控制器内、外部进行清灰处理，处理时可采用吸尘器吸去尘埃或用酒精擦去污物。

4）定期更换锂电池。在可编程序控制器中所使用的锂电池，其寿命大约为 5 年。当锂电池的电压降低到一定限度时，可编程序控制器基本单元上的电池电压指示灯亮，此时说明由锂电池支持的程序仍可保留一星期左右，应准备更换。

5）检查输入信号。由于可编程序控制器的输入信号一般来自开关、传感器等，因此应定期检查输入的开关信号（如空气处理用冷水阀的开关等）是否正常，传感器送来的模拟信号是否有误等，如不正确要查明原因纠正。

6）检查输入电压。可编程序控制器使用的交流电压可以在要求值的 10% 上、下波动，如超出这一范围则应采取必要措施，以避免烧坏其元器件或不能正常工作。

（3）微机控制系统的维护保养

1）定期或不定期地对控制系统中的传感器、变送器进行检查和校验。对于接线、连线有断开、脱焊、松焊、松动者应及时处理。因为传感器、变送器的上述故障都可能给微机送入错误信息，从而导致微机发出错误的指令，产生错误的调节方式。

2）检查控制系统中的有关仪表指示（或显示）是否正确，其误差是否在允许范围内，如发现异常应及时处理。

3）检查微机控制系统对指令的执行情况。一般在微机控制系统的操作台上，都配置有各调节阀（包括加热、加湿和冷热水电动调节阀及各有关风量调节阀）的开关信号指示灯。在运行调节中，如果某一调节阀的开阀指示灯亮，则表示微机发出的开阀指令已被执行；如果开阀和关阀指示灯均不亮，则说明微机没有指令发出，此时调节阀可能处于某一开度位置；如果某一调节阀的关阀指示灯亮，则表示微机发出的关阀指示已被执行。为保证微机控制指令的正确执行，必须对控制系统中的有关调节、执行机构进行及时的维护保养，以使它们处于可靠状态。

4）检查微机控制系统的供电电源是否合适。如果微机控制系统的供电电源发生故障，则系统将无法工作，如果电压过高、负载过大将会造成某些元器件的烧毁和断路。

5）正确送入设定值。有些微机控制系统在启动微机之后实行控制之前，必须将控制参数的设定值通过键盘送入计算机，计算机才能进入控制状态。如果没有将控制参数的设定值送入计算机，微机控制系统将一直处于等待状态。一般在微机控制系统中，送入的设定值主要有：室内空气温度、相对湿度（或含湿量）、调节系统中各调节执行机构的参数、初始工况等。如果发现运行参数发生失控，则应首先检查送入计算机的控制参数的设定值是否有误。

6）采用微机控制的系统一般应先采用手动控制方式，待控制参数接近设定值时再启动微机控制系统使其投入运行，这样可以缩短控制参数达到设定值的时间，同时也可避免控制系统中的中间继电器的触点长时间地频繁吸合和断开，以延长继电器的使用寿命。

7）微机控制系统在出现“死机”时的处理。采用微机控制的系统在运行中出现控制停止、计算机不再执行后面程序的现象称为“死机”。“死机”的出现往往是由于微机控制系统受到较强电场和磁场的干扰所致，如空调系统中风机、水泵、制冷压缩机在起动时的大电流所产生的强电场作用，对于抗干扰能力较差的微机控制系统往往会出现“死机”。由于此种情况通常是短暂的，甚至是瞬间的，因此微机在运行中出现“死机”时可先关闭微机控制系统，待高峰电流过后再重新启动。另外，应注意提高微机控制系统的抗干扰能力。

思考与练习

5-1　中央空调系统是由哪几部分组成的？

5-2　空调系统是如何分类的？各有哪些特点？

5-3　中央空调系统运行管理的基本目标是什么？

5-4　风机盘管是如何安装、运行与维护的？

参考文献

[1] 梁玉国，刘学浩. 制冷与空调系统运行管理［M］. 北京：中国水利水电出版社，2011.
[2] 何耀东，何青. 中央空调实用技术［M］. 北京：冶金工业出版社，2006.
[3] 夏云铧. 中央空调系统应用与维修［M］. 3版. 北京：机械工业出版社，2013.
[4] 付小平，杨洪兴，安大伟. 中央空调系统运行管理［M］. 3版. 北京：清华大学出版社，2015.
[5] 杜存臣. 制冷与空调装置自动控制技术［M］. 北京：化学工业出版社，2007.
[6] 张玉梅，时晓玉. 实用中央空调技术指南［M］. 济南：山东科学技术出版社，2009.
[7] 唐中华. 空调制冷系统运行管理与节能［M］. 北京：机械工业出版社，2008.
[8] 李树林. 空调用制冷技术［M］. 北京：机械工业出版社，1995.
[9] 易新，梁仁建. 现代空调用制冷技术［M］. 北京：机械工业出版社，2005.
[10] 张维亚，魏鋆. 冷热源工程［M］. 北京：煤炭工业出版社，2009.
[11] 丁云飞. 冷热源工程［M］. 北京：化学工业出版社，2009.
[12] 高桥隆勇. 空调自动控制与节能［M］. 刘军，王春生，译. 北京：科学出版社，2012.
[13] 彦启森，石文星，田长青. 空气调节用制冷技术［M］. 4版. 北京：中国建筑工业出版社，2010.
[14] 吴业正，朱瑞琪，曹小林，等. 制冷原理及设备［M］. 4版. 西安：西安交通大学出版社，2015.